# 时代的下一轮红利，你能抓住吗？

[日] 黑坂达也 著　　李善同 译

5Gでビジネスは
どう変わるのか

民主与建设出版社
· 北京 ·

图书在版编目（CIP）数据

时代的下一轮红利，你能抓住吗？/（日）黑坂达也著；李善同译．—北京：民主与建设出版社，2021.11
ISBN 978-7-5139-3731-3

Ⅰ．①时… Ⅱ．①黑… ②李… Ⅲ．①第五代移动通信系统－影响－经济－通俗读物 Ⅳ．① TN929.53-49
② F-49

中国版本图书馆 CIP 数据核字 (2021) 第 231600 号



著作权合同登记号 图字：01-2021-6902

时代的下一轮红利，你能抓住吗？
SHIDAI DE XIAYILUN HONGLI NI NENG ZHUAZHU MA

著　　者　[日]黑坂达也
译　　者　李善同
责任编辑　程　旭
封面设计　水玉银文化
出版发行　民主与建设出版社有限责任公司
电　　话　（010）59417747　59419778
社　　址　北京市海淀区西三环中路 10 号望海楼 E 座 7 层
邮　　编　100142
印　　刷　唐山富达印务有限公司
版　　次　2022 年 1 月第 1 版
印　　次　2022 年 1 月第 1 次印刷
开　　本　880 毫米 × 1230 毫米　1/32
印　　张　7.25
字　　数　120 千字
书　　号　ISBN 978-7-5139-3731-3
定　　价　56.00 元

注：如有印、装质量问题，请与出版社联系。

# 前言

5G时代的商业会如何改变？5G时代的商业机遇是什么？

这是我身为顾问，于近几年在每天面对各种相关人员时，经常被问到的具有共通性的问题。

5G是新一代（第5代）移动通信系统，日本国内从2019年开启预商用服务，2020年起展开正式服务。5G具有超高速、低延迟、多点同时连接的技术特点，很多人非常期待它能催生出从未有过的新服务，以及为企业创造千载难逢的机遇。因此，想借5G普及的东风进行商业拓展的企业不断增加。预计能够孕育出新型商业模式的包括游戏、广播、住宅、医疗、物流、汽车等诸多领域，5G的大趋势在各种产业中已经呼之欲起。

但是，一味地将目光放在超高速、低延迟这些技术特点上，并不能将 5G 的优势顺利地运用到商业拓展中。5G 本身是通过提高目前 4G/LTE 的速度而创造的，拘泥于此只会让它变成一个比 4G 更快的通信方式而已。

实际上很多人在对 5G 寄予巨大期望的同时，更多的是处于一种不知道商业会“什么时候”“怎么样”改变的状态。所以才总是对我抛来开头列举的那种问题。

除此之外，还有“5G 具体的应用案例是什么”“智能手机会消失吗”之类的问题，而这些不只是一般的移动网络用户，实际上还有期待新商业机遇的企业负责人、通信运营商与政策制定者、5G 基础设施参与者等也经常发出这样的疑问。

本书基于提问者们的这些问题，想阐明两件事情。第一件事是 5G 服务给人类的社会生活带来的变化与影响是什么。另一件事是从商业角度来讲，应该如何迎接 5G 带来的改变。

我基于自己顾问身份的所见所闻，详细说明我所了解的技术、标准化及产业动向，尽量简化技术性的说明，并尝试从服务形象与产业动态的视角进行说明。阅读本书，移动用户将会了解 5G 所能提供的服务及其用途，企业的服务策划者们也将收获很大的启发。

## 本书构成

在第一章中，就 5G 所带来的冲击、与 4G 的区别、5G 在商业拓展中的关键特征以及实现全面 5G 的新型社会样板进行讲解。作为其中的一环，也会涉及一部分对于当下的市场预测与在这种大环境下产业结构变革的可能性。

在第二章中，设想 5G 开始普及的 2019 年，到预计 6G 登场的 2030 年，这 12 年中 5G 发展和普及的预设剧本。尽管只是我的设想，但到目前为止，几乎从未有过什么东西的普及时间线是像这样以年为单位的。

在这条普及时间线上，我预计 5G 将迎来“幻灭期”。这是由于商用化刚刚起步，很多用户对 5G 有种期待落空的感觉。不过站在商业拓展的角度来说，如何度过这段幻灭期应该会决定今后的成败。

在第三章中，对预计会在 5G 时代得到普及的全新服务领域进行盘点。我会分别描绘出具体的服务内容，同时就被看好的主要参与者及权益人、合适的参与时间等进行讲解。这里不仅包括 5G 所代表的 IT（信息通信技术）领域，还包括老龄化等目前预想的日本社会动向一起进行分析。

在第四章中，讲述了运用 5G 开展商业拓展的企业要做的思想准备以及必须清楚了解的注意事项。不仅对 5G 本身，还对包含 AI 与大数据分析、个人信息等数据隐私在内的所有热点问题进行了梳理。

5G 的“G”是划 10 年为一代中的“代”。从现在开始的 10 年里，5G 服务将会全面展开，我们的生活会变得更加丰富多彩，也会激活日本经济。此外，5G 也不再只是单纯的通信标准的更新换代，更象征着数字化转型的正式化。其影响在 2030 年之后的 6G（或再下一代）时代也会一直延续下去。

反过来说，对 5G 服务的考量，可以解答我们将如何度过从现在开始的 10 年至 20 年这个大问题。因为 5G 是一个可以让人类社会的理想状态发生重大改变的契机。若通过本书能让读者感受到即将到来的巨大社会变革和由此产生的商业机遇，那就太好了。

# Contents
# 目录

## 第一章　5G 带来的真正冲击

## 第二章　按“普及时间线”解读商业拓展的最佳时期



## 第三章　各领域内“5G × 新事业”的潜力股

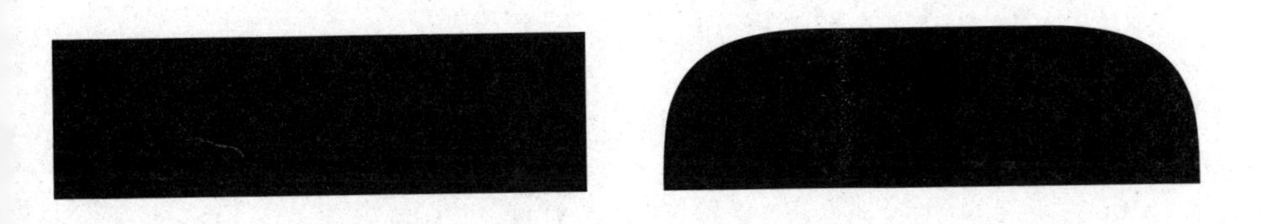

第 一 章

# 5G 带来的真正冲击

# 5G 的本质并非只是超高速通信

各位读者最先想知道的应该是什么会因 5G 服务的启动而改变吧。那么先来通过和 4G 的比较来讲解一下 5G 的特点。

5G 的技术特点是超高速、低延迟、多点同时连接，这是在对 5G 的标准进行规范时就定好的目标，也可以说是 5G 的必要条件（表 1-1）。

表 1-1　5G 的主要特征

| 5G 的特征 |
| --- |
| 低电力消耗<br>配有睡眠功能等 |
| 适配非授权频段<br>在无须证书的频率波段也可以使用 |

（续表）

| 5G 的特征 |
| --- |
| 超高速<br>4G/LTE 的 100 倍以上 |
| 最大速度<br>下行：20G bps<br>上行：10G bps |
| 低延迟<br>（4G/LTE 的 1/10）达到毫秒级（城市区域） |
| 同时连接数增加<br>（4G/LTE 的 100 倍）1 平方千米 100 万台设备（城市区域） |
| **全规格的 5G 环境** |
| 网络切片<br>通过软件技术将网络虚拟化，对应用途灵活区分使用 |
| 现金化平台<br>对应精细的服务提供条件，将变现（收取费用）细分化 |
| 移动边缘计算<br>在离用户的终端近的位置（基站等）设置计算机，实现高速且安全的处理 |
| 期待有能发挥出 5G 性能的系统 |

本表参考 ITU-R IMT Vision Report（M.2083）（Sept, 2015）制作。

超高速指的就是字面的意思——实现高速通信。5G 的最大传输速度为下行 20G bps（比特 / 秒）、上行 10G bps，与 4G/LTE 相比提升了 100 倍。当然这只是理论值，目前的实际速度可能只有 4G/LTE 的 10 ~ 20 倍，不过即便是按照 2G bps 来考虑的话，这速度不用说和第四代移动通信相比，就是和光纤固定宽带相比都要快很多。因此，移动与固定线路界限将会消失，还将出现迄今为止在移动通信中无法想象的全新应用案例。关于应用案例及其背景，将在第二章与第三章中进行详细介绍。而且，这并非简单的高速化，对上行（上行链路：从终端向网络或服务器发送数据）速度的提高也十分令人瞩目。随着 SNS（社交网络服务）的普及，用户可以比从前更加随意地处理视频，因此期待视频投稿、视频会议或运用虚拟现实的交流等方面可以发展壮大。

接下来第二个特征是低延迟，指的是短时滞通信。电子通信必定会产生延迟，延迟取决于信号、光纤、铜线等通信媒介物质的特性，也取决于处理信号的效率，还取决于通信运营商的基站或中继器、光纤管线等通信设备的能力与构造，甚至取决于多终端共用一条线路等各种各样的因素。5G 是为了缩短终端 - 基站区间（无线区间）和连接基站的核心网络（有线区间）双方的时滞而开发出来的。研发人员做了很多努力，让连接到相同基站的终端进行直接通信时的延迟在 1 毫秒以内、通过核心网络进行通信时延迟在 10 毫秒左右，这仅为 4G/LTE 的 1/10 左右，是十分强大的。

第三个特征是多点同时连接，是指在某个区域中容纳尽可能多的终端。5G 确定了每平方千米可以容纳 100 万个节点

（终端或传感器）的必要条件。由于 4G/LTE 容纳的是 10 万台，所以现在 5G 有 10 倍的能力。

由于地球上的陆地面积约为 1.5 亿平方千米，所以简单计算可得出能容纳 1500 兆个节点。而现在地球总人口是 75 亿左右，所以按比例计算每个人可以使用 2000 个节点。

现实中肯定是不会像这样使用智能手机的，所以多点同时连接其实是为了促进使用 IoT（物联网）设备。尽管这只是简单计算得来的概念化的假设，但每人 2000 个的传感器将会和我们每个人的健康与生活信息紧密相关。5G 时代人类将会被传感器网络包围，可以想象得到，那将是一个远超智能手机用户体验的、多样密集的数字化转型不断进步的未来。

另外，在表 1-1 中还有下面这些解释，“网络切片”“现金化平台”“移动边缘计算”。与其说这些是 5G 自身的规格，不如说是为了更有效地利用 5G 在网络方面或服务方面的技术。其中现金化平台将在后面进行讲解，这里先解释另外两个。

首先，网络切片是通过软件技术将网络虚拟化，对应用途灵活区分使用的技术。将过去为实现单一目标的“整个”网络，像奶酪或火腿那样，对应各种用途进行切分。

从前对被称为通信设备的硬件，规定的是某种单一目的

（如提供数字通信服务），使用上的条件要求也是统一设定的。但话说回来，即便是同样的通信服务，也应该有紧急情况可优先使用，或为支付更高费用的人提供高速且稳定的服务这一类的附加价值。

这不仅限于移动通信，在整体计算类中也是共通的。由于近年来软件技术的革新，基于标准的硬件，按目的将功能与条件多重组合的“虚拟化”方法普及。代表案例是亚马逊所提供的 AWS 那样的公用云服务，即用大量通用计算机构成数据中心并提供多种服务。AWS 不仅支持 Web 服务或应用程序，还为各种生活空间的数字化提供支持，我们的日常生活也是建立在这样的虚拟化之上的。

如果使用 5G 的网络切片，则宛如云计算一般，可实现对网络更加灵活且多样的运用。总之，用户想让网络更划算、更安心安全、更瞬时高速……这些个别需求都有希望得到满足。

还有一个是移动边缘计算（以下简称 MEC），指的是在距离以用户为代表的数据实体（数据原本的物理存在）尽可能近的地方执行数据分析等操作。现在的数据处理的主流是使用前面所说的 AWS 那样的云计算进行，而在 MEC 中则是在基站旁边（即靠近数据实体的地方）设置计算机，并在此处理必要的数据，使更高速且更简单的处理成为可能。

有几个必须做成这种构造的理由，第一个是可以最大限度地激活 5G 低延迟的特点。不论 5G 网络速度提高多少，如果到网络另一端的云上的距离太远，就一定会有延迟。事情发生在现场而不是在会议室，能在现场处理的事情就在现场解决的话，处理速度显然会更快。

在现场处理数据的另一个好处是，可以解决隐私的问题。这在第二章中会详细介绍，东京的用户数据没必要特意在美国西海岸的数据中心处理，在距离用户尽可能近的地方处理更能够降低发生某些麻烦时的影响。因此关于 MEC，我们期待在线上游戏和自动驾驶的低延迟上，以及在从家庭或职场等场所发送信息的隐私性上，它能做出重要贡献。

其实，网络切片与 MEC，或者是后面要讲的现金化平台都并非仅限于 5G 的方法。但即便如此，它们从激活 5G 优点的角度上来说还是很值得期待的技术。可以说通过将 5G 的技术特点与激活这些特点的辅助技术二者紧密结合，就能构成 5G 的世界。

# 5G 和 4G 虽相似却不同

5G 和 4G 还有一个技术上的不同，就是无线通信所使用的频率波段不同。

4G 现在所使用的频率波段的特点是电波既能在高楼大厦间来回穿梭，又能轻松进入建筑物内部。而 5G 所使用的频率波段通常是更高的频率波段，具备和光非常相似的特性。

光的直线前进性很强，很难转弯，所以在炎热的天气里到树荫下就可以躲避直射的阳光。加上光无法穿过不透明的物体，所以拉上帘子就能遮挡光线。将光的特性全部置换给 5G

的电波的话，就能想象得到用起来是有多么不方便了。

说得极端一点，5G 的电波都能被树木或帘子所阻挡，就更到不了建筑物里面了，甚至窗户玻璃都有可能像反射光线那样反射 5G 的电波。实际上，目前已经在研发让电波穿透窗户玻璃的天线技术了。另外，在雨天那样的天气里，电波的传播很有可能会被雨水干扰。

这样一解释，可能会有读者觉得 5G 比 4G 的易用性差。诚然，单纯做比较的话，5G 的使用难度上升是事实。但另一方面，高频率也有它的优点。4G 使用的频率波段的单位一般是兆赫兹，而 5G 使用的预定频率波段则是千兆赫兹，后者传播的数据量更多。

一般来说，频率波段越高的话，用于某一个目的的带宽（该目的可占用的宽度）则越大。与道路或河流同理，宽度越广一次可以通过的数据越多。比方说即便将 10 条车道中的 1 条作为公交车专用道也不会引起交通堵塞，同理用软件将宽阔的带宽细分，就能轻松实现将网络切片在网络上按目的生成专用通道，最终也就能高速处理多个终端数据了。超高速通信总是被拿来当作 5G 的特征，这是其很大的优点。

不过，还有个问题，在不同的频率波段下需要各自投入资金。因为 5G 和 4G，无论是无线电设备还是天线等均不相同，特别是从用户角度来看影响最大的就是手机终端了。而在日本，2019 年所使用的智能手机基本都不适用 5G。

所以在 2020 年商用服务开始后，要使用 5G 就必须购买新的终端。

而且，正如前文所说的由于电波的传播情况和易用性不同，通信运营商必须在新的场所用新的方法来设置基站，并铺设连接这些设备的网络。将基站设置在街上的信号机或电线杆上怎么样？还是将公共设施等公共区域作为安装场所呢？类似的各种讨论目前正在进行当中。

作为技术标准的 5G 处于 4G 的延长线上，通过升级 4G 的方式可推动 5G 的标准化。得益于此，在基础设施建设方面，一部分功能只需要升级 4G 时构建的环境就可以使用了，可以从某种程度上节约对设备的投资。不过话虽如此，但因为实际应用场景的不同，能最大限度利用 5G 特长的设备铺设方法可能还是要和 4G 区分开。想在商业中利用 5G 的企业们开始逐渐注意到 5G 从什么时候、以什么形式利用的“普及时间线”，并且开始寻求有别于 4G 时代服务设计的创意。

## 商业拓展比 4G 时代更加困难

5G 与 4G 是完全不同的东西，两者的商业拓展及其难度也明显有别。目前面向 4G 智能手机所开发的应用程序，是以必须能持续在 4G 环境中使用为前提进行开发的。

4G 时代的经验在 5G 的商业拓展中未必有用，所以如果把在 4G 时代取得成功的经验照搬到 5G 应用上的话，就会有跌大跟头的风险。事实上这样的失败在 4G/LTE 普及初期和智能手机推广的早期经常见到。基于 3G 的成功经验所开发的基础设施曾到处出现问题，还遇到过长时间停止使用的挫折，而且受 3G 时代的感觉引导所开发的应用也一个接一个地失败了。曾经是龙头，最后却不得已退出市场的企业不胜枚举。

那么，这种状态会持续到什么时候呢？换句话说，4G 和 5G 将会共存到什么时候？尽管难以准确预测，不过回顾历史，比较可能的是即使 2030 年后 4G 也会留存。

理由之一是其单纯作为技术标准的寿命。虽然移动通信标准大约每 10 年进行一次迭代，但是这并不意味着某个时代的标准就只有 10 年的寿命。3G 是在 2001 年左右开始的，但到 2019 年仍然有 3G 网络提供。虽然之前有 KDDI 计划在 2022 年左右终止 3G 服务，但是截止到写下这本书的时候（注：2019 年），其他的移动通信运营商还没有明确表态，3G 有可能会延续到 2020 年代中期。这样看来，4G 服务也有可能会持续提供到 2030 年以后。

关于 4G，还有件麻烦事。4G 的完成度很高，而且 4G 和 5G 虽然相似却是完全不同的东西。也就是说，应该有两种情况，一种是像一直以来这样单纯的更新换代，另一种是像分支一样持续重复利用。而且，二者有一定的依存关系，5G 并不一定是停止 4G 的理由。

在 4G 普及且成熟的情况下，对运用 5G 的商业来说，差别化的主要因素是什么，能作为全新的价值获得认可吗？对这个问题的深度思考和准确判断，是在 5G 时代的商业拓展中取胜的必要条件。

那么，5G 时代的商业企划要掌握的关键是什么呢？在下一节中，我会就想到的三点进行具体介绍。

# 商业企划的关键

## · 全新的变现平台

在 5G 时代推进商业拓展，应当了解的最重要的特征是，全新的变现平台（为了从服务中获得等价报酬的收费机构）。5G 的普及促进了各种服务的变现（现金化），为实现新的商业模式做出了贡献。

可以从两种角度去看待作为变现平台的 5G。一个是作为庞大收费机构的通信运营商，特别是近年来，以通信为媒介提供各种服务的代理收款人。通信运营商的业务越来越广泛，不仅是通信运营商除了直接提供视频与杂志应用等，还会在通信费中收取与相关的商业公司合作所提供服务的费用。

将通信运营商视作收费机构并不是今天才开始的。20 世纪 90 年代末开始的 NTT、DOCOMO 的 i-mode 与 KDDI 的 ezweb 之类的数据通信服务是这一切的先驱，而且已经有近 20 年的实际业绩了。4G/LTE 时代智能手机崛起，虽然在苹果与谷歌公司提供的平台上的充值一直在增加，但将这些与通信费用合并支付的模式也正在普及。在 5G 时代也一样，通信运营商充当着这种支付模式的收费机构。

还有一个角度是，5G 更利于提供聚焦在个别需求上的服务。第三章将会对具体的服务内容进行介绍，例如要满足“周末晚上想用 8K 重温看过的电影，想要这样的通信环境”这种需求时，目前必须要加入订阅（按月付费）服务。但是，假如实际每个月只能看一次 2 小时的电影，那就相当于有 24 小时 ×30 天 -2 小时 =718 小时被浪费了。

本来不论通信服务还是视频传输服务，用户都没有必要加入订阅服务。但是，如今从主要从业者的角度，甚至包含构建这些的基础设施方面的技术要求的角度来说，很容易就会采用这种商业模式。如果基础设施能够适配的话，从库存或固定费用等方面来说，满足个别用户需求按具体情况支付才是更合理的商业模式。

5G 就从技术方面促进了这种商业模式的多元化。例如通过网络切片可以提供为只在周末想要享受 8K 电影的观众准备的特殊线路。而且，为了克服前面所说的 5G 频率波段的缺点，正在开发可以高度控制电波方向的技术，所以如果使用这样的技术那就有可能提高传播的效率与可靠性，使电波直接到达电影观看者的家中，这样一来就能实现满足个别用户需求的变现。

### · 直连宽带

第二个关键词是“直连宽带”。随着 5G 的普及，无论是在家中还是在办公室，甚至在户外都可以充分使用到比现在性能更好的宽带。你可能会想，这种事现在不是已经实现了吗？但现在的宽带并不能随时随地发挥出宣传中的性能。例如，F1（一级方程式）赛车，不同于埃尔顿·塞纳和中岛悟所活跃的时代，在今天已经不通过数字有线电视播放了。虽然可能会因为日本选手的出色表现而再次恢复当年的热度，但现在已经变成一定数量的固定粉丝通过互联网上的付费视频传输服务来观看了。在目前已经实现变现的情况下，只要没有再次出现特别大的爆点，那就很难在数字有线电视上复播了。

所以，有朝一日，日本车手夺冠的话，还是要通过互联网收看。

但是，假如居住在某座公寓中的一半人都想收看互联网转播的话，那么目前的基础设施可能无法充分满足这种需求。这是因为宽带线路是很多用户共用的，而且集中住宅中的线路性能也不是十分优越，而如果配备了 5G 技术的话，即使是集中住宅也可以让电波直达各家各户。因此，也就能用到更高品质的宽带了。

需要提前说明的是，这里绝不是说现在的宽带是假的，在某个地方共用设备的结构本身在 5G 里也是和光纤一样没变。所以，投资设备才是解决共用部分性能瓶颈问题的关键。5G 技术虽然有可能减轻这种负担（降低用户人均成本），但从更广的角度上来看，相比于技术，这更像是个投资设备的企业经营问题。

相反，通信运营商一旦确立了进行更积极的设备投资的目标，那无论室内外，5G 都有可能成为宽带的第一选择。到那时，5G 基础设施投资方的动力就在于市场需求的大小，而上述的“5G 变现平台”就可以发挥作用了。

## · 全连接

第三个关键词是“全连接”。为了理解 5G 中备受期待的全连接的概念，首先回顾一下 4G 在现阶段可能做到的事。

许多人是通过智能手机使用 4G 的，不管去哪儿都带着那部智能手机，不少人甚至在睡觉的时候也放在枕边，这已经是超出想象的生活方式的革命性改变了。还未见过其他东西像手机这样从不离身。即便是在日常生活中已经和身体贴得够近的钱包也会在回家后放到其他地方吧，而钱包的功能正在逐渐被智能手机取代。

我们是如此依赖智能手机，准确地说，我们依赖的不是智能手机这个东西，而是由应用所承载的服务，或是在另一端的人际关系。睡前还在用 SNS 聊天，有可能睡觉时也在等待谁的消息，智能手机则是回应消息的“窗口”。

这种依赖性是一方面，另一方面我们必须望出窗外，也就是看到智能手机之外的画面。我们睡觉时将智能手机放在枕边是因为要使用它的时候能够马上用到，但如果不启动应用，智能手机也不过是一块“厚重的玻璃板”罢了。

想在电脑上使用 4G 服务则更加麻烦，需要启动电脑、设置手机连接、经 Wi-Fi 将二者连接，才能开始通信。由于必须进行比智能手机更多的操作，因此电脑和我们的身体难有亲近感。

二者相同的地方是要使用时都需要些“步骤”。即便这些步骤很简单，我们也必须操作输入密码启动应用程序或者至少“按下开关”的步骤才能使用。也就是一种想用或想连接时却用不了的状态，我认为这是一种“半连接”。

例如，智能手机上的某些游戏与视频内容未必需要一直保持连接。最近视频传输网站提供了限时内容在下载、观看时无须连接也能高品质地享受电影和电视剧的服务，可以说是提供了类似“影碟租赁”的服务。电脑上使用的 Office 套件也逐渐地普及了云服务，另外，以往的封包软件即使不连接互联网也能完成工作。像这种连接网络会方便一些，不连接也没关系的状态，就是“半连接”世界。

那么，在 5G 的“全连接”世界中智能设备的使用方式会是什么样呢？全连接指的是无论何时都保持连接，与 4G 时代“连上网络会方便一些，不连接也没关系”是相对的概念，使用的前提条件就是保持连接。

这就好像电器产品与电力的关系一样，电器不通电是无法使用的，因为依靠电力工作是实现功能的前提。同样，全连接设备依靠互联网工作是实现其功能的前提。进一步说的话，就是处于未连接互联网的状态时，全连接设备是不能使用的。

想象一下设置在大厦每个角落的传感器，实时掌握着整个空间的状态，让大厦整体保持最佳电力消耗的解决方案。在这种情况里，传感器必须保持联网。如果不是这样，就无法对大厦整体进行集中控制，也不可能做到实时的应对。

当然，传感器本身就是电器产品，只要通电也能够单独运转，但这种情况下就只能控制传感器直连的设备而已。另外，如果不是一直联网而是间隔连接网络的话，就可以造出时间差，按一定时间间隔收集信息。不过，当想要综合判断外部气温的变化或各个房间的运转情况（有没有使用或使用人数等），并想要非常精确地控制大厦整体的空调，改善整体电力消耗量与空间利用的舒适度时，间隔一定时间的控制就基本没什么意义了。这种情况下，就必须要实时保持连接。

不仅是管理一栋大厦，对某个城市中的所有建筑物进行优化时，必须将城市整体进行网络化。如果不这样的话，城市中的整体控制就会失衡，对用户来说也不公平。

全连接不只对大厦（建筑自动化）与城市（智慧城市）的管理等来说是必需的，对实现实时、按需求、最佳化的高品质的网络也是必需的。那么，为了满足这样的需求而诞生的就是 5G。

## “窗口”会消失，服务会改变

那么，5G 的这些特征在什么样的应用案例中能够发挥其本领呢？

从 4G 移植过来的案例有很多。例如游戏和视频传输等，那些已经普及的服务中要求高质量网络的服务早就开始向 5G 转移了。不过这些只是在半连接的延长线上的应用而已，只有 5G 才能提供的用户体验还在“窗口”的外面。

正如刚才提到的，“窗口”指的是智能手机之类的画面，那在“窗口”之外自然不是为了在目前的智能手机画面中实现 5G 的用户体验。

回顾 4G 时代的用户体验，我们总是被关在“窗户”里面。如果用户只能在窗口内通过已经确定的用户界面和系统使用服务的话，就不能很好地享受各种便捷。所以，是否具备理解 IT 的能力也是经常遇到的问题，理解能力越强的人则越能享受到便捷。

随着 5G 的普及，装配在城市各处的传感器或设备会保持联网运转。虽然现在也在努力推进建筑自动化与智慧城市，但是伴随着环境问题与劳动人口减少的社会问题，自动化的需求会越来越大。

就连在家里需要连接的设备也在不断增加，比如电视的网络适配，即电视智能网络化正在加速推进。同时，这种在电视上通过网络进行的视频传输服务也在与日俱增。当红搞笑艺人的一部分原创内容，早就已经不能在有线数字电视上观看，而只能通过视频传输服务观看了。历来数字有线电视是主角、视频传输是配角的情况，正在逐渐变为双主角，甚至根据情况主配角还会互换。

空间渐渐接入网络，空间本身变成网络计算机的巨大潮流正在形成。近年来这样的潮流被称为 IoT，通过 5G 可能会催生出一个远超这个词语所能表达的世界，也许将优化整个环境，如城市、国家甚至整个地球。

当这一切实现之时，我们已经身处智能手机或电脑的画面这扇“窗口”之外了。到那时，就不再是开启智能手机、一个个地点击应用程序做指示或发信息交流了，我们可以直接将在这种空间中的自然行动传达给交流对象。

那么，当 5G 凭借上节所述三个特点将设备和用户之间的“窗户”移除后，社会将会变成什么样呢？下面就对我设想的三种未来进行说明。

### · 融入四周的社会

在 5G 环境中，计算将融入我们四周的环境中。

在计算机科学的世界里，有个词叫“环境计算”。这是一个分析人类与计算机连接技术与构造、探索易用的计算环境的研究领域，是人机交互的形式之一。

目前 VR/AR 或可穿戴设备、可视听化等虚拟现实转换技术的开发正在推进。作为综合性的方法，如何让人们认可计算自然融入生活环境，以及与人体密切结合的计算操作方法的相关研究也正在推进。

可以想象 VR/AR 所使用的头戴设备与智能音响等新型设

备，将随着 5G 的普及成为更加贴近身体的东西。而用于感知并控制空间的 IoT 设备与交互式终端标识等也可以最大限度发挥 5G 的特性。

这些设备所共通的不是人类做动作启动系统，而是传感器自动感知人类的行为，随后电脑会自发自动地进行操作。

由于现在处于过渡期，为了解决隐私和安全问题，必须对智能音箱说“Hi”“OK”等词才能启动。不过我们可以很容易地想象到，当所有问题都得到解决的时候，一直保持连接的状态会是什么样的。

一旦实现了随时随地进行计算，就能促进对物理空间或社区的优化。相比 4G 是为网络空间中特定用户服务的通信环境，5G 则是为共用物理空间或社区所有人服务的通信环境。因此，5G 时代必将诞生出迄今为止从未有过的从业机会。

另外，由于计算机和传感器融入了环境当中，用户经常察觉不到自己正在使用计算机，这种情况在必须“先开机再启动应用”的智能手机上一直都没能实现。而正是由于用户处于自然的状态，就导致可传感和控制部分的精度会上升，从而扩大了实现自己想不到的好处的可能性。

### · 无界限社会

“无界限社会”，用英语来说就是“seamless”，5G 可以让目前社会中存在的很多界限消失。

比如虚拟与现实的界限，对熟练掌握 IT 的人们来说，已经不存在虚拟和现实的界限了，因此这些人不明白区分是为了什么。另一方面，有不少和 IT 有一点距离的人认为两者应该分开，认为现实的是高贵的，而虚拟的是劣等的。正因为如此，二者碰面时，就会发生争论。

这种认知上的距离，带来了目前 4G 的半连接状态。在半连接的世界中，如果用户不具备自发性就无法使用系统。若具备自发性，就必须学习使用方法。然后，学得越多越会深入系统之中，而相反则会越来越生疏。轻者向外、重者居中，各奔东西，说起来有点离心机的特点。

5G 的能力是全连接。保持连接到网络是前提，东西必须连接才能使用。在这种环境下，用户对系统没有感觉，而且所有人都将均等地融入系统中，最终不只是行为成为“被捕获的信息”，用户的一切都有可能被显示在网络空间中。这样将实体空间（物理空间）的信息在网络空间上准确地再现，被称为“数字孪生”，说白了就是通过数字化而衍生出的模拟双胞胎。将工厂自动化（控制、管理工厂）与供应链管理（控制、管理物流与库存）等在生产领域中存在的概念放在网络空间里进行模拟，作为对商业流程进行变革的手段越来越受到关注。

5G 是实现这种数字孪生的重要条件，而且不只是在生产领域，更涉及我们的日常生活。目前还不知道该如何在日常生活中实现数字孪生，因为与工厂中的生产设备不同，日常生活是以人类为对象的，所以必须充分考虑隐私性和安全性。事实上，把这种做法配以“人类版数字孪生”的文字来看，还是会浮现出一些不祥的预感。

总之，不管怎样，网络空间与虚拟空间之间将不再有阻隔，虚拟与现实的分界线将会消失，虚拟与现实无界化将成为巨大的潮流。最终，包含数字在内的整个现实世界都可以通过 5G 进行访问。

### · 以预测为前提的社会

由于人工智能的进化与传感器的普及，已经可以预见一个“可预测的社会”。近些年来，在以美国为代表的西方国家的报道中，经常能看到将动词“预测（predict）”接“可能（able）”组成“predictable（可以预测的）”的单词用于对人工智能特别是深度学习的讨论当中。不管是效率性还是伦理的曲直，人们越来越关心该如何面对这样的功能。

随着 5G 的普及，现在开始更进一步迈入的是“以预测为前提”的社会。

5G 时代，计算将融入周边，虚拟与现实的界限也会消失。也就是说现实（物理）空间的信息将作为数字化的数据不断传入虚拟（网络）空间。那个时代的人工智能已不是“也许能预测”，而是能够做到“精确预测”。

这将会带来非常大的变化，因为到目前为止，人工智能大部分的社会功能是基于非常简单有限的模拟。例如某个城市中真正需要几台救护车、如果救护车的需求超过供给了该怎样应对等，这些事不过是基于粗略计量和纸上谈兵般的预测而大致做出的一个判断。

但是，随着 5G 的普及，我们可以实时掌握城市与市民的状况，可以对星期几的几点救护车出动得最多、整体来看什么症状的人需要救护车、对这些问题的优化方法是什么等问题进行分析思考。如果某个特定的日期或时间，救护车的出动增多，那就可以给出只在那个时间段向附近的地方政府借用救护车或机关单位的车这种合理的解决方案。

更进一步说，如果提前完成呼叫救护车，也就可以事先预见问题，甚至可以减少救护车保有数量。为此，必须决定谁为谁做什么、怎么做等。

本章末尾有记叙这种推演的专栏，可以加深对这方面的具体理解。本书将社会功能里能反应预测的状态称为“以预测为前提的社会”。在实现这样的社会的过程中，5G 是不可或缺的存在。

## 从用户的固有观念开始改变

前面讲解了不连接也能使用的半连接（4G）和必须连接才能使用的全连接（5G），并描述了 4G 完成度的情况。

基于将两者进行对比的情况，如果仅限于在移动通信上的应用，也许有的人会认为 5G 不如 4G。那是因为，从体验上来说，可能很难理解网络会成为像电力一样持续且不可或缺的东西。会有这种违和的感觉并非不能理解，也算得上是在 5G 环境下商业拓展中非常正常的违和感。正因为有不协调的感觉，新的商业才会诞生。

认为半连接方便的原因之一，是用户在目前的 4G 环境中进行了自择最佳化。请回想一下前文中视频传输那种影视租赁型服务，从用户视角来考虑，不难想象在 4G 环境下的实时传输很容易因为超过合约上的通信数据上限而造成“流量猝死”。即使没有这样的担心，也会因为地点或时间造成的断线导致满意度降低。这样一来，使用稳定便宜的自家 Wi-Fi 提前将视频下载下来会更好，像这样就变成使用视频租赁型服务了。我们可以将这种情况视作用户让自己的行为去适应 4G 的环境。

如果这样的话，那么使用5G的新型商业将迟迟无法普及。这里让我们还以之前提到的智能电视为例。近年来，在日本售卖的电视中，网络电视，即搭载了互联网连接功能的电视不在少数，它们主要是通过 LAN 网线或 Wi-Fi 连接到自己家的固定线路上，然后享受各种服务。如果想在大屏幕上享受网飞或亚马逊会员等服务的话，那么互联网连接就是一项十分便捷的功能。

另一方面，在资讯媒体行业（特别是广播电视）一直有种说法叫“连接率”，表示家庭内的网络电视连接到网络的程度，连接率的推移，是研究历来除电视广播之外新服务普及情况时的参考资料。

以前我在使用时也不怎么考虑这个连接率的概念，但是有一次，我在与一个研究如何让视频传输服务普及的创业者的讨论中，发现了这个词奇怪的地方。若是电视机要自称网络电视，那就应该联网使用这台电视机。但是连接率表示的是“100台电视机中有多少台联网了”（反过来说就是有多少台没有联网），也就是说，连接率有意义的前提是“存在未联网的电视”。

在数字有线广播产业繁荣的日本，现在生产的电视机基本上都是以接收（含 CATV 的）数字有线广播为主要功能。结果就是生产的都是不连接网络也能使用的网络电视，这样一来用户自己也会觉得这样也可以。所以说网络电视是否需要连接网络，最终还是要交给用户来做出判断。

当现有的前提条件过于强硬时，怎么样都会形成先入为主的固有观念。对于网络电视，用户有“电视是数字有线信号的”这种固有观念，对想要通过连接网络提供全新服务的革新者来讲，这种认知就会成为网络电视普及的阻碍。

网络电视的话题只是一个近似的例子，不是说要对 4G 和 5G 进行那样的代入，而是 4G 网络的高完成度和用户因此会自己适应（不自觉地就保守化）的使用习惯意味着在结构上具有相似之处。

不过即便是这样的网络电视，最近也能经常听到“连接率在升高”的消息，的确包含我在内的享受网飞和亚马逊会员的人数增加了。从最近的这种繁荣来看，5G 日后也许会有突破 4G 高墙的可能性。

## 5G 市场的头号种子不是智能手机

让我们从数字层面推演一下使用 5G 的商业会在什么时候达到何种程度。根据下面介绍的富士凯美莱总研在 2018 年 5 月份发表的预测，5G 市场从 2019 年开始变化显著，预计到 2023 年时，基站（通信运营商的设备）的市场规模为 4 兆 1880 亿日元（图 1–1），用户使用的终端等设备市场为 26 兆 1400 亿日元（图 1–2），合计于 2023 年成长为超过 30 兆日元的市场（按发布当时汇率计算）。

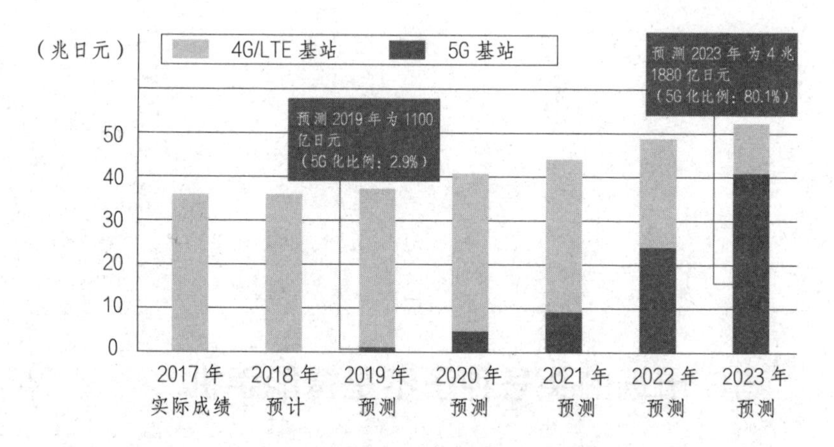


**图 1-1　5G 基站市场的实际成绩与预测**

出处：富士凯美莱总研《2018 展望 5G——实现高速大容量通信的核心科技的未来》（2018 年 5 月 31 日）。

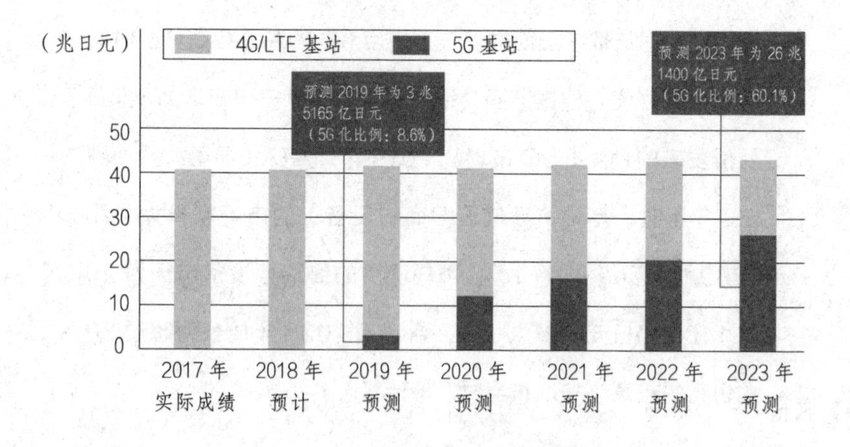


**图 1-2　5G 设备市场的实际成绩和预测**

出处：富士凯美莱总研《2018 展望 5G——实现高速大容量通信的核心科技的未来》（2018 年 5 月 31 日）。

那日本市场怎么样呢？根据下面介绍的 IDC Japan 调查公司的预测，到 2023 年时 5G 手机的份额会占市场整体的 28.2%（图 1–3），预计 5G 移动通信服务的合约数将达 3316 万份（占 13.5%）（图 1–4）。此处我更关注的是，图 1–3 中 5G 手机的出货量与市场份额。根据预测，到 2023 年时，出货的手机中会有将近 30% 支持 5G 功能。因为预计出货总数约 3000 万台，所以其中约有 900 万台 5G 手机。预计正式开始出货的 2021 年为 500 万台左右、2022 年 900 万台、2023 年仍为同等水平的 900 万台左右。

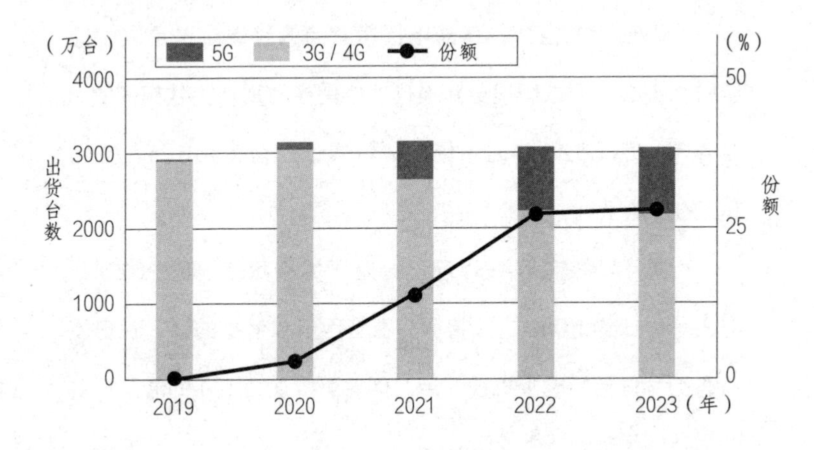


**图 1–3　日本国内 5G 移动电话出货台数与份额**

出处：IDC Japan《国内 5G 移动电话与 5G 通信服务的市场预测》（2019 年 6 月 20 日）。

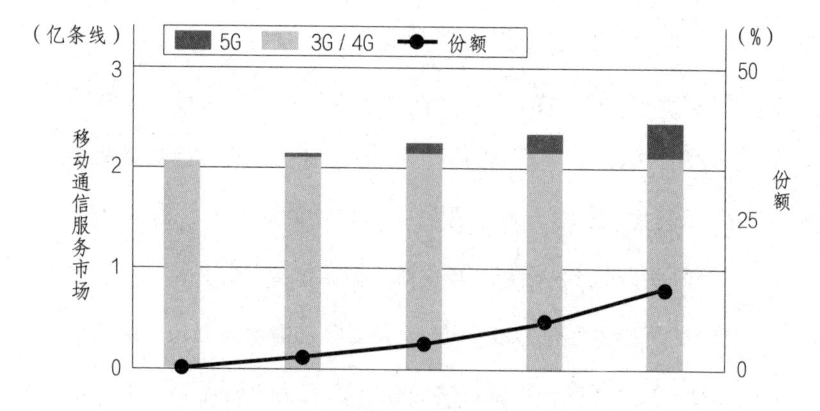


**图 1-4　日本国内 5G 移动通信服务市场与份额**

出处：IDC Japan《国内 5G 移动电话与 5G 通信服务市场预测》（2019 年 6 月 20 日）。

作为预测的目标，移动电话运营商的终端应该是以智能手机为核心，所以假设更新换代的周期是与现在大致相同的 3 至 4 年，即 2023 年时市场整体将累计约有 2300 万台支持 5G 的智能手机。

智能手机的普及在目前已经趋于饱和状态，按 2023 年时占总人口约 80% 的人将拥有智能手机来考虑的话，在日本将有约 1 亿部智能手机被使用，因此可以认为 5G 的普及状况约为智能手机市场的 25%。

不过，这样的话就与图 1-4“5G 通信服务的份额约占 13%”的数据不符了，也就是说，在一定程度上存在虽然持有 5G 终端但没有使用 5G 服务（没有合约）的人。当然这只是预测值，实际上在 2023 年尚未到来之前是无法知道真正的情况是什么样的，但这对于通信运营商在 4G 延长线上提供 5G 通信服务来说，算是比较严谨的看法了。

对这些数字，也有人提出“这才刚刚开始”或者“有点少”等不同的看法。我周围与通信行业有关的人也同样有“这是保守的数字”或者“如果算上通信运营商的设备投资，肯定不止这些了”等各种不同意见。

虽然是我的直觉，但假如站在延长对包括智能手机的现在的移动通信的利用这个角度来考虑 5G 的普及的话，我觉得这些数字是靠谱的。

4G 环境可以充分满足智能手机，目前对智能手机与应用这个样板还有留恋的用户，倒是会继续积极地选择 4G。然而，从 2020 年开始至少持续 10 年的 5G 时代里，服务的主体就不再是通过智能手机使用了。

图 1-5 是在通信领域中进行世界范围内的市场调查的 OVUM 公司预测的 2017—2022 年哪些与 5G 相关的服务会增长。虽然圆的大小表示的是 2018 年时的市场规模，但重点是表示各个产业成长的纵轴（金额）与横轴（成长率）。

越在上面的圆以金额为基础的绝对成长越大，越在右边的圆代表的成长率越大，最终越在右上的产业将来越有希望。看图片可知，该公司预测游戏和视频传输将会特别快速地成长。另外，还预计右下的固定宽带比现有移动电话产业的带宽成长率更高。

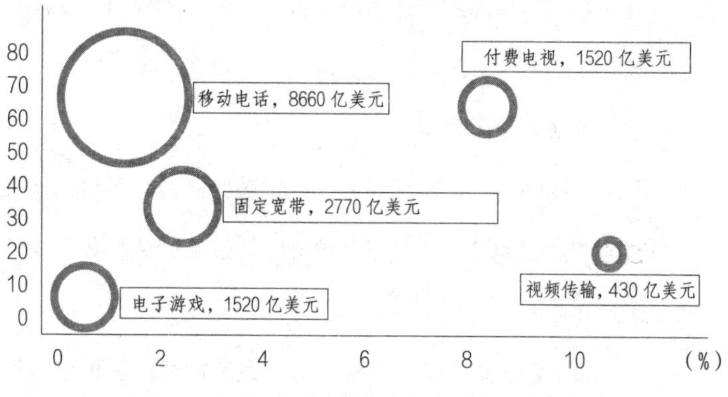


**图 1-5　对受关注的 5G 相关服务的成长度预测**

出处：Ovum《2019 Trends to Watch: Video Games and E-Sports》（2018 年 9 月 15 日）。

这个预测也和我的直觉一致。为什么这么说呢？因为移动通信运营商已经从游戏和视频传输方面着手进行 5G 商业拓展了。可以说起码到 5G 普及初期的 2022 年左右，将有一半是已经约定好的未来。这里重要的一点是，游戏也好，视频传输也好，都未必是以智能手机为前提的，反而是已经注意家庭大画面环境的服务开发看不到可以推进的地方。正是因为这种动向，游戏与视频传输成为 5G 普及在兜了一大圈之后真正面对的巨大桥头堡。

那么，实际中 5G 相关的新商业将从什么时候开始并如何扩大呢？我将会在第二章中结合具体的时间线进行详细的说明。

# 预想未来：5G 关乎人的生死

下面有两个不同版本的故事，相信看完后，你会对 5G 的作用有更多的了解。

## · 倒在高血压下的黑坂先生篇

“不知道他怎么样了呢……”

东京某个初雪纷飞的冬日午后，结束了研讨会的田中偶然想起了曾经的上司，那个上司名叫黑坂。受邀出席地方城市中召开的研讨会的黑坂先生，就在这样的日子里倒在了演讲台上，驾鹤西去。

作为专家的黑坂先生业务能力毋庸置疑，他在外的演讲很多，于是繁忙地奔波于国内外。一方面，他说过自己血压高，而且确实在倒下前不久曾向身边的人提起过身体的变化，另一方面却一边看着同辈的同事青山坚持跑步，一边说“中年奋进”之类调侃的言语。以田中为代表的同事们也都若无其事地看着他。

那是新一周的周一早上，他在办公室露了一面就去机场了，坐差不多 1 小时的飞机去北方一个地方城市参加演讲，演讲的主题是“5G 的理想与现实”。这正好是用此题目出过书的黑坂先生的拿手戏了，只要去期待通过 5G 带动发展的地方城市，他总会干劲十足。

航班稍有延迟，黑坂先生到了现场和相关人员打过招呼后就开始演讲了。他上台后，映入眼帘的是坐得满满的观众。大家对 5G 既期待又不安，尽管正是午饭后容易犯困的时间，但大家都是一副非常认真的表情。被会场中的热情所感染的黑坂先生在激情演讲时一下发挥过头，大汗淋漓地在不知不觉间超时了。主持人表示可以稍微延长，因此为了赶紧结束，他一直在讲，水都顾不上喝，结果血压就上升了。

黑板先生就是在那个时候倒下的。

他突然在讲台上倒了下去，接着就失去意识了，眨眼间脸色就变得很差，叫他也没有任何反应。工作人员赶紧叫了救护车，但因为医护工作人员太忙了，救护车迟迟没有来。说到这里，黑坂先生在著作中也写到过“新一周开始时救护车会很忙”。

现场人员七手八脚地帮忙，但事态紧急又没有急救经验，能做的很有限。黑坂先生因高血压引起心脏病发作，从某种意义上来说是典型的猝死。

回顾整个事件，其实是有预兆的。说过自己血压高的黑坂先生可以不久前开始服用降压药，但由于太忙了所以服用得很不规律，最近还对别人说过药效不太好。观看演讲时的录像，可以看出黑坂先生演讲时身体稍微有点打晃且呼吸困难的样子。

但是这种预兆，就连平日里非常关注黑坂先生的人都没有察觉到。假如当时通过各种各样的传感器 24 小时持续监控黑坂先生，有黑坂先生健康大数据的话，也许就能通过人工智能的分析察觉到异常。当然，这种情况只是一种设想。

其实即便能事先察觉到黑坂先生的异样，也一直没有可以通知他人的方法。如果黑坂先生告诉现场相关人员说自己患有高血压，并嘱托他们准备异常检测报警系统，黑坂先生的异常情况就可能会事先传达给别人。或者，假如将信息进行联动，能搜索附近的救护车并提前通知……读了黑坂先生关于 5G 的书，脑海中浮现出各种“如果”“假如”，可惜的是黑坂先生还没有享受到 5G 服务的好处就离开人世了。

在田中的脑海中，仿佛回响起黑坂先生的声音：“今后日本将会逐渐老龄化，所以如果不早点构建那样的社会……”然后在飞舞的雪花中，一边望着映入眼帘的 5G 信号基站，一边思索究竟要如何构建，一边沉默着走在回办公室的路上。

“不知道他怎么样了呢……”

在东京某个寒风凛冽的冬日午后，结束了与客户商谈的麻地偶然想起了上司的事请。他的上司名叫黑坂，是通信业与广播业领域的专家。

那时，受北方一个地方城市召开的研讨会邀请的黑坂先生，好像在演讲台上倒下了。

身为专家的黑坂先生业务能力自不必多说，在外演讲很多，在国内外来回奔波。他虽然说过自己患有高血压，但周围的人都没怎么在意。

那天与往常一样，黑坂先生紧赶慢赶乘飞机赶往会场。慌慌张张到达会场时，黑坂先生不符合季节地出了一身大汗，但没过多久就开始演讲。望着台下满满的观众，因为刚过中午所以有些犯困，但黑坂先生演讲时比往常更加热情。

发觉到观众们的睡意后，黑坂先生加入了比往常更多的肢体动作。距离结束只有 6 分钟时，主持人给了一个“只可以延长 5 分钟”的信号。满打满算还有 11 分钟，黑坂先生觉得自己可以在 10 分钟内收尾。

就在他滔滔不绝地给演讲结尾时，“紧急！这样下去 3 分钟后黑坂先生可能就撑不住了！”这个通知出现在黑坂先生的可穿戴设备、主持人与会场工作人员的智能手机以及在周边的救护车和出租车上，并对出租车发出了“可能会有紧急病患者，随时待命应对紧急情况”的通知。

在黑坂先生、主持人、会场工作人员的设备上，显示出持续性的倒计时以及马上让他喝水休息的信息，还显示了是否有急救 AED（自动体外除颤器）、周边是否有可送去的医院等信息。“尽快让黑坂先生安静下来”的信号持续闪烁着。

对演讲仍然不舍的黑坂先生还想再讲一点，就一点。当倒计时 100 秒时，着急上火的主持人打断了演讲：“先生，十分抱歉打断您的话，已经到时间了！”

回过神来的黑坂先生终于喝了口水、喘了一口气，无奈地终止了演讲。他随主持人的引导走下讲台，坐在了休息室椅子上，这时终于感觉到了身体的异常。

这一切都被会场中的摄像头和传感器记录了下来，倒计时在剩余 30 秒前停了下来。看样子综合判断已经没有倒下的风险了，得益于此，救护车、出租车和候补收治医院都解除了紧急状态，可以继续平常的工作了。

随后，黑坂先生的可穿戴设备，以血压和脉搏的连续高压状态的理由，给出了长时间休息的要求。原本演讲结束后立刻返回东京的黑坂先生改变计划，在当地休息调整。

像这样，能够将智能设备与智慧城市联动，通过 AI 系统将疾病防患于未然的 5G 服务拯救了黑坂先生。

但是，当事人却像好了伤疤忘了疼。“人啊，就是这样呢。”一边听着伊贺野前辈的安慰，一边紧跟着今天也要东奔西走的黑坂先生，麻地在 5G 实时追踪业务管理系统中为黑坂先生录入了订单。

# 分析讲解

在前文中，我写到了“窗口”会因 5G 而消失，而且服务也会改变。作为这种变化的体现，列举了周边环境（环境）、无界化（合作）、可预见（预测）的概念，我觉得这些概念是很难从身体感觉上理解的。实际上，即便我在与通信运营商或与研究 5G 从业机会的服务业者、政府官员和媒体人进行讨论后，也没有能给所有人分享一些可以共同理解的经验。

但是在积累这样的经验的时候，至少是看出了几个为什么难以理解的原因。其中之一就是窗口的强大。

最近 10 年，智能手机的普及与应用软件经济的兴起，给我们留下了非常强烈的印象，并且让我们更加依赖它们。因此，不以窗口为前提的环境或模式开始变得难以理解。

那么，以周边环境、无界化、可预见的概念为要素，5G 服务在社会上是怎么铺开的呢？为了解答这个问题，我写了一个可以当成短篇小说来看的剧本，就是上面那两个故事了。

两个故事的背景虽然是基本相同的情况，却包含了没有 5G 的情况和有 5G 的情况这种可以关乎人的生死的巨大差异。究竟是极端虚拟的故事，还是真实的故事，就交给读者们去判断吧。但是，现代科技稍微普及一点，就会对人的生死或社会活动、经济活动产生巨大影响，这是无法否认的事实。上文中提到的 AED 也是如此，而监控镜头的提高更是改变了发生犯罪或事故时的处理方式。

这里出现的技术因素本身已经是可以掌握的了，并且从技术上来说在这种组合下实现更好的服务是非常有可能的。不只是无线通信，其他信息领域技术的大周期也是 10 年左右，因此如果同样是将今后 10 年不断普及的 5G 作为前提的服务，构成它的独特技术因素（输出设备与数据分析技术）也在当下被赋予了实用化的目标。

但问题在于，为了更广泛地普及这种组合，应该有怎样的筹划，这就是商业拓展。并且，只要生活在21世纪的数字社会，就要被问到能否被用户接纳、能否得到认可。

要使用5G，理解其技术特征是必要的基础。除此之外，重要的是思考如何利用通过5G连接到网络另一端的技术，以及能为在那一端的用户们提供什么样的好处？这些能作为商业而正确持续地运转下去吗？对这些问题的考量才是关键所在。

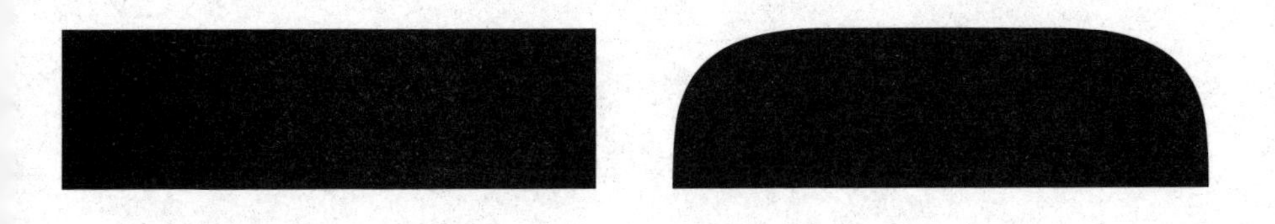

第 二 章

# 按“普及时间线”解读商业拓展的最佳时期

# 5G 完全普及需要经历四个阶段

5G 是怎样普及的呢？这是目前对想要将 5G 运用到商业中的各位来说最关心的问题吧。

通过第一章中涉及的移动通信标准的生命周期考虑到技术的稳定性增长与用户的保守意识、投资与回报效率，从实际普及开始到完全终结需要 20 年以上。其中，最好的时期是最开始的 10 年。由制定技术规格决定了的标准化活动，从考虑到技术革新与设备投资两方面的平衡基础上来说，健全的周期大约为 10 年。也就是说 2000—2010 年为 3G 的时代，2010—2020 年为 4G 的时代。

那么，在对于5G来说是最佳时期的2020—2030年中，5G将会以什么样的形式普及开来呢？在这里，作为预想技术普及流程的框架，将沿着高德纳咨询公司所提倡的“发展规律周期”进行说明。

看过发展规律周期的人应该有很多吧，那是一个显示某项单独技术成熟程度的图表。高德纳咨询公司每年评估各项技术在当时位于“黎明期”“幻灭期”等什么位置，一旦发表会立刻在网络上成为讨论话题。2018年又宣布人工智能与区块链在日本国内进入幻灭期，2019年夏评估5G处于“过度期待”的巅峰期。

发展规律周期有意思的地方，在于不只是单纯地评价技术本身的成熟度，还夹带了进行商品化的各种市场化活动与用户评价、对投资的影响等要点。因此，虽然也有一部分批评说他们是肆意评价，但我作为研究开发成果、为客户提供产品化支持的人，按照我的经验看，感觉它不仅表现出了技术上的优劣，还在某种程度上体现了产品开发这种企业活动的现实成果。

根据高德纳公司的说明，发展规律周期可整理为以下5个部分。

· 黎明期：用早期的概念（POC）证实了潜在的技术革新并通过媒体报道而受关注的时期，并且尚未到达产品化，尚未证明实际应用的可能性。

· “过度期待”的巅峰期：按照早期的宣传方向成功实现了一部分，但是伴随着许多失败，开始实际行动的企业也寥寥无几。

· 幻灭期：由于没有出现所宣传的那样的成果，导致关注度下降。技术的创造者们别无选择只能进行重组与纠偏，只有幸存者继续对改进方案进行投资。

· 启蒙活动期：能够带来具体好处的案例开始增加，也开始被广泛理解。改进后的产品问世，但是保守型企业仍然很慎重。

· 生产性的稳定期：开始成为主流选择，并更加清楚地定义了判断划算与否的标准，技术的适用范围和关联性扩大，投资得到明确的回报。

在本书问世的 2019 年下半年时，5G 的黎明期和“过度期待”的巅峰期同时到来，这同时也表明了 5G 被期待的程度。在本书中，基于发展规律周期的思考方式，如图 2-1 整理出了黎明期 + 巅峰期、幻灭期、启蒙活动期、稳定期四部分以预测此后的 5G 普及。

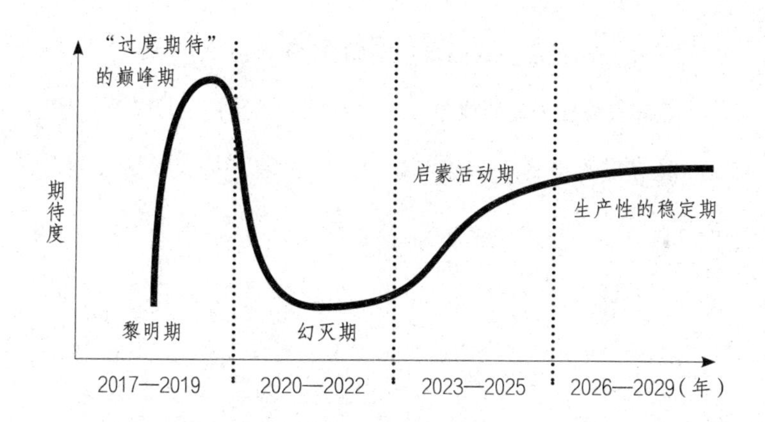


**图 2-1　高德纳公司所提出的发展规律周期和 5G 的普及流程**

最早的黎明期 + 巅峰期在 2017—2019 年，可以说 4G 已经成熟，很多人开始对智能手机审美疲劳，对某种缥缈的新产物的期待开始膨胀。

之后的幻灭期在 2020—2022 年，在日本不过就是刚开始 5G 的商用化，不可能突然从 4G 转移到 5G，也没有什么能使用 5G 的区域的时候。在早期问世的适配 5G 的智能手机的价格也相当高，因此形成了对 5G 的期待落空的印象。

接下来的启蒙活动期在 2023—2025 年。这个时间段，能够完全发挥 5G 能力的基础设施开始逐渐普及，用户也开始认识到 5G 具备的真正实力。

最后稳定期则在 2026 年之后。到那时，人们将开始自然地接受 5G 服务，4G 服务开始变得陈旧。

5G 服务成为理所当然，用户开始寻求更高品质的基础设施，稳定期结束时开始出现追求 6G 的声音……大概就是这样展开。

## 黎明期 + 巅峰期：2017—2019 年，准备中的“游戏 & 视频”的进化迹象

### · 这是怎样一个时期？

2019 年相当于 5G 的“过度期待”的巅峰期。而且，伴随着尚未普及的黎明期，这是个有点不可思议的巅峰期。

特别是进入 2019 年后，社会各界对 5G 的期待急速升高。不只是网络媒体，报纸和电视也没有一天不提到 5G 的。然而这些总的来说都是以理论为中心，甚至可以看到一切社会问题都能用 5G 解决的报道，简直可以用“5G 泡沫”来形容这种状态。

而引爆一切的是在 2019 年 1 月于美国举办的电子设备展

览会 CES 上所发表的 5G 智能手机以及同年 4 月在美国和韩国开始的 5G 商用服务。连接上了 5G 信号的智能手机一般情况下甚至比家庭中使用的光纤还快，仿佛可以进入在梦里才能见到的移动宽带的世界了。

在 5G 商业服务启动时，暗地里的竞争也成了巨大的新闻，特别是在产业界最令人瞩目的世界龙头半导体厂商英特尔与高通哪个能率先将支持 5G 的调制解调芯片（实现通信的芯片）产品化。最终结果是高通率先开始供应 5G 调制解调芯片，因此，支持 5G 的智能手机才得以在 2019 年 1 月的 CES 及同年 2 月的 MWC（mobile world congress：每年在西班牙巴塞罗那召开的世界最大的移动通信产业大会）上发布。特别是在 MWC 上，通过试验电波在会场中实际地开展了 5G 通信，终于可以强烈地感觉到 5G 商用化终于开始了。

## · 为什么会这样？

为什么 5G 会被重视到这种程度呢？无论是移动通信还是固定通信，在历史上从未见过有通信技术在问世前就如此地备受瞩目。这是因为有着过去 20 年的移动互联网高速成长的背景。

特别是智能手机普及后的最近 10 年中，4G/LTE 极大地改变了我们的生活。正所谓百闻不如一见，我们在想象新事物的时候，会受到所见所触的影响。恐怕对 5G 的想象与期待也是建立在智能手机所使用的 4G 移动互联网的延长线上吧。

对完全沉浸在有智能手机的生活中的用户来说，可能对最近的智能手机已经有点厌倦了。我本人经常会收到"智能手机之后的潮流是什么"这样的问题，我时常感觉与其说来自商业视角倒不如说是来自用户所抱有的好奇心。对 5G 的期待，是已经渐渐厌倦了成熟的移动互联网的用户所表达的对下一次变革的渴望。

在这种背景下，5G 规格的标准化也被提前了。在 2017 年 2 月的世界移动通信大会上，全世界 22 家移动通信行业的公司就关于 5G 标准规格（下称 5GNR）的早期规定的提案达成协议。在该协议中，规定了如何推进探讨使用 5G 的详细服务，企业与研究机构如何合作开展标准化活动等事项。此外，为了在 2019 年可进行大规模试运行及商用服务，还确定了由标准化团队 3GPP 尽快制定标准规格的提案。

对通信行业来说，标准化与无线频率波段的制定有着很大的意义。当时所有日本通信运营商都以东京奥运会、残奥会（下称东京奥运残奥）为目标，明确了2020年5G的商用化。为了能在2020年开始服务，必须在2019年开始投资设备及试验运行。为此必须要在2018年调集产品，如果标准化不及时的话，调集设备和试验都会变得非常困难。

一部分海外从业者已经比日本提前1年于2019年就开始讨论5G商用化的问题。在商用化的推进过程中，还有各国的规则制定部门必须决定无线频率波段的分配，而技术规格没有确定的话，分配方针也就无法决定。因此，绝对有必要在2017年春季就确立标准化的目标。

但是，实际上5G不只是一种技术，要通过哪种方式采用、怎样采用将由通信运营商和管理电波的各国政府做出决定。

在5G NR所确定的5G标准中，有两大流派。首先是与现有的4G/LTE联合运作的“非独立组网”（下称NSA）。概括来说就是将现有的4G/LTE网络用于控制，只对实际处理数据的部分（基站与终端之间）进行5G化。

另一个流派是将电波连带其背后支撑的网络设计都建设成5G专用的“独立组网”（下称SA）。随着网络的更新，到普及前需要进行大量的工作、花费大量的成本，但可以完全发挥5G的能力。尚处在4G/LTE网络普及过程当中的新兴国家中，具备自己投资设备能力和技术开发能力的国家，比起NSA都更加重视可以单独运行5G的SA。

NSA和SA各有长短，无法说哪个是完全正确的。NSA虽然看起来合理，但5G的卖点之一的低延迟（因为受4G/LTE网络的影响）必定是无法充分发挥了。另一方面，SA除了需要花费庞大的成本外，虽然目前需求不是十分明显，还背负着网络的设计难题，但进展顺利的话可以在将来引申出5G所带来的典范转移。

应2017年提前标准化的要求，NSA在同年12月、SA在2018年6月时分别完成了“3GPP Release15”标准化。而选择哪种标准就成了交给各国去解决的事情了。包括正在普及4G/LTE的日本和美国在内的大多数发达国家选择了NSA，其他的新兴国家与拥有亲自发展5G产业壮志的中国选择了SA作为各自的起点。

无论哪种流派，共通的地方都是才刚刚起步。因此，在真正的设备投资之前，现状是不断发展过度的宣传战。

### · 备受关注的产业是什么？

如果稍微考虑一下从黎明期＋巅峰期开始到2022—2023

年的这段时间，就会注意到“游戏”和“视频传输”这两点。

自从对5G商用化开始正式准备的2018年MWC以来，世界三大通信设备供应商（中国华为、瑞典爱立信、芬兰诺基亚）均认定视频传输与游戏为主要服务，并特别准备了以收取通信费用外的附加价值为目标的解决方案作为面向全世界通信运营商的产品，而实际中的商谈也非常热烈。

特别是在游戏开发方面十分活跃，其代表就是GAFA其中的谷歌与苹果。2019年MWC刚刚结束，谷歌和苹果就分别宣布要建立Stadia和Apple Arcade游戏平台。

为什么游戏是最有希望的呢？理由之一是，游戏的现有用户非常多并且有为游戏付款的习惯。而且，游戏的付款方式有很多种，也可以理解为与变现相关的革新在不断进步。这对5G全体产业来说都有着巨大的吸引力，同时用户也可以根据自己的判断更加自然地使用5G。

5G时代的游戏不应只局限于智能手机，更应该想到在激活高效网络性能的家用游戏终端上的应用。无论是谷歌还是苹果，尽管是在Google Play与App Store这种巨大的智能手机应用平台上提供游戏应用，但Stadia与Apple Arcade的目标是在云端提供超越以往家用游戏机规格的高端游戏。

然后，先于游戏进入人们视野的是视频传输。在 2019 年 9 月于荷兰召开的面向广播界的展览会 IBC2019（International Broadcasting Convention）上，谷歌公司发表了将 Stadia 和 Android TV 整合到一起的计划。由于家庭游戏必须和电视联动，因此从用户体验上来说，玩够了游戏就看视频（或者反过来）也是非常自然的趋势了。或许苹果公司也在考虑采用同样的战略，即便稍有时间差，今后的游戏和视频也会以共通的模式发展。

在这样的倾向之下，投资 5G 设备的通信运营商们也很敏感。KDDI 已经发布了视频传输服务与通信费组成套餐的费用方案。在我们看不到的地方，那些在 5G 时代里通过优化面向游戏与视频传输的基础设施使用而获得收益分享的协议与开发正在进行中。

# 幻灭期：2020—2022 年，室内服务的改变先于在移动通信中的应用

## · 这是怎样一个时期？

在上文说到的发展规律周期中，“过度期待”的巅峰期过去之后迎来的是幻灭期。这是因为一边是巅峰期时的过度宣传，一边是服务与基础设施没有充分完成，拿不出宣传中的效果。开始时，因为某些无奈的原因只能小范围起步，而用户的关心则会日益减少，所以被迫去重新审视一切。

这不是仅限于 5G，在 AI 应用于自动驾驶汽车等很多先进技术中都能看到。特别是最近，希望先进技术可以打破社会停

滞状态的倾向越来越强，作为增加这种感觉的工具 SNS 的普及，导致有很多在技术人看来“产品化还要 10 年”的技术被宣传成明天就能用了。5G 的情况也类似，2020 年至 2022 年应该会出现很多感觉现实与曾经听到的不一样的用户。

预知这种幻灭期的样子的线索来自 2019 年 4 月时启动 5G 商用服务的韩国。我于同年 5 月在韩国首尔市内稍微体验了一下 5G，当时的印象是，感觉跟精灵宝可梦 GO 差不多。

诚如大家所知道的那样，精灵宝可梦 GO 是在城市里一边来回走一边捕捉宝可梦的对战游戏。当一边走一边寻找宝可梦的时候，突然出现了稀有精灵，人们就会聚集到一起。在韩国体验到的 5G 服务也是一样的，城市中心地区难以捕捉到 5G 信号，然后当 5G 信号出现时人们马上就会聚集起来，而速度却是时快时慢……捕捉 5G 信号的人不断增加，超过了一个区域内的容量，因此信号变得无法捕捉，人们也就散了。

暂且不说搜寻宝可梦这个游戏的乐趣，当移动通信信号被宝可梦状态所占用，一般用户会觉得很苦恼。事实上，由于被指责通信质量有问题，韩国政府和通信运营商与终端厂商、通信设备供应商一起成立了“政企合作 5G 服务检测特别小组”。

韩国是搭上了国家面子来推进 5G 的准备，尤其是在首尔市内作为一种形象窗口，潜在的用户也多，所以准备在首尔市铺设相当数量的基站。不过韩国使用的是比日本商用的频率波段更低一点（即用起来比日本更便捷）的 3.5GHz 段。之后虽然听说情况一点点地改善了，但是想起当时的情况，还是能感觉到 5G 普及道路上的险象环生。

这种体验也是有过先例的。20 年前华丽登场的 3G 在开始服务时也是，由于最初实在是太难用了，导致连续出现将服务更换为 2G 的返祖用户。比起不知道什么时候能实现的附加价值服务，当然是选择必需的服务和为此存在的基础设施了。

用户们一直以来都在被灌输“5G 的梦幻世界”，当 5G 服务开始时，都已经等不及迎接那些未曾见过的用户体验了。但是 2020 年时，还是无法提供这样的梦幻世界，与已经成熟的 4G 相比，一下就能够看清 5G 的理想与现实了。

## · 为什么会这样？

毫无疑问当幻灭期来临时，要想将 5G 应用到商业中，什么时候开始是极为重要的。要想认清这些就必须认清通信运营商服务的普及步伐。

通信运营商不会一下就开始 5G 服务，通信产业是没有通信运营商的设备和使用那些设备的应用（提供服务）就什么都无法进行的装备行业。如果像铁路或航空那样，5G 也由通信运营商先行投入的话应该可以解决问题。但是这种先行投入对迄今为止的设备产业经营来说是非常忌讳的，因为实际上在更新换代的 4~5 年间，如果技术与规格选择错了，或是促进需求的方法搞错了，无论是多么大的企业都有可能在一瞬间灰飞烟灭。例如 NTTDOCOMO 预计在今后 5 年里投资 1 兆日元左右的 5G 设备。虽然看起来是个荒谬的数字，但是从通信业界的立场上来看已经是个保守的数字了。很多像这样不问天南地北的通信运营商总是尽可能用保守、慎重的态度来面对通信标准的更新迭代。

在引进新的通信标准时，当然必须投资新设备。但是无法判断利用到新设备的服务是否会马上被用户使用，并且在早期阶段对设备投资的成本是最高的。假如来自用户的批评增加，移动通信运营商对经营的考虑就不得不更加慎重。这样的窘境便催生出了韩国 5G 服务那样的“精灵宝可梦 GO 状态”。

美国的情况也差不多。率先开始的威瑞森宣称 2019 年年中 5G 服务将覆盖全美 20 个城市，而到 4 月初只覆盖了芝加哥与明尼阿波利斯两个城市，接下来在 6 月是丹佛，到 7 月末渐渐扩大到包含华盛顿与亚特兰大在内的6个城市。但是，像纽约这种在人口密度与建筑密集程度较高区域覆盖系数不佳的超大城市，就只能往后推迟了。

考虑到这些既往案例，尽管日本也要在2020年开始商用化了，但是能够利用5G的区域应该也不会很多。即使在最初基本决定要开始5G服务的东京，尽管可以在奥运残奥会场附近使用，但其他地方很可能还是跟不上，更别想2020年内可以在东京都使用了。可以预见，日本2020年内可以在东京、名古屋、大阪的中心部分或者人口较少的地方城市使用才是现实的选择。

已经料到这种情况的日本政府，在2019年6月内阁会上决定的《经济财政运营与改革基本方针2019》中提出了“至2020年年底全都道府县开始5G服务，同时对2024年年前的5G配备计划提速”的方针。同年7月的全国知事会议上，基于此方针的“富山宣言”也得到了通过，要求做到在2020年度即截至2021年3月底，于所有县政府所在地开始5G服务这一目标和承诺。至少在2020年上半年，从全国来看应该就是东京、名古屋、大阪的中心部分了。而在县政府所在地之外的5G普及就算再快也应该会花费2~3年的时间。

除了这些围绕设备投资的根本原因之外，5G 的普及中还有其他问题。例如，目前作为 5G 特征进行宣传的功能从用户体验的角度来说缺少理解它的机会。“超高速、低延迟、多点同时连接”经常作为 5G 的广告语被列举出来，多点同时连接的好处是属于供应商方面（通信运营商与通信设备供应商）的，用户是很难体验到的。另外就是依靠 4G 网络的“NSA5G”在构造上的问题，导致用户无法简单地体验到低延迟，因为受到了 4G 并不那么优秀的延迟性能的影响。剩下的就是超高速了，尤其是在日本，表面上 4G 网络的完成度非常高，通过依靠 4G 的 NSA 来提供 5G，用户所能感觉到和 4G 的区别就是“瞬时最大风速”，也就是说仅限于使用 5G 时需要高速通信瞬间访问的机会。

“像中国那样推进‘SA5G’不好吗？”也有这样的声音出现过，但很快就不见了。而从条件上来说 SA 是“完美的 5G”，当然是值得期待的，但是世界上还没有以 SA 为基础的 5G 的应用案例。虽然已经有希望应用于汽车领域，但是要普及的话最早也要从“启蒙活动期”的后期推迟到“稳定期”了。

终端方面也有问题。在本书出版的时间段，还时不时看到 5G 智能手机的电池容量或发热等问题。虽然这些问题会慢慢得到解决，但这个“慢慢解决”也是要看普及情况的，就说最关键的调制解调芯片，由于败给高通的英特尔起步晚了，而且还要给苹果做供应，因此目前世界的供货都以高通为中心，所以不免令人担心在 5G 普及初期会出现瓶颈。启蒙活动期的前半段应该可以通过其他的半导体供应商以扩大供给，但也无法否认在幻灭期有可能会令人产生停滞感。

我想幻灭期的 5G 时代进步最快的终端不会是智能手机，而是被称为 CPE（Custom Premises Equipment）的家中设备，也就是为了在家中使用 5G 的 Wi-Fi 路由器。5G 使用的高频率波段的无线，在当下相比于室外的人、汽车、物品等来回移动的空间内，应该在固定放置了 CPE 的房间内用起来更方便。当很多用户对作为移动通信的 5G 正在感到失望之时，作为固定宽带替代品的 5G 正在以单身生活的人为中心展开推进。

### · 备受关注的产业是哪些？

在上一段的黎明期 + 巅峰期中，举了游戏和视频传输作为受关注产业的例子。正如所介绍的谷歌公司与苹果公司的例子那样，游戏领域已经开始具体地行动了。另一方面，视频传输在这个时期里也会来个大变身。

由于幻灭期是巅峰期的反面，所以用户的态度会开始变得保守。因此，对需要自己主动且利用动机弱的应用程序或对自己从来没见过的服务不轻易出手的状态将会持续。由于在此时，游戏用户的动机十分明显，所以从巅峰期开始就进行商业拓展并实验性地提供服务是正确的。而对于视频传输来说，目前还处于用户对各种服务形态尚未习惯的状态中，所以应该以逐步进化的形式推进对用户的渗透。

实际上用一句话来说，视频传输是既有网飞与亚马逊会员这种非常注重原创内容的付费视频传输平台，也有优图贝这种免费视频投稿服务。日本也有 AbemaTV 与 niconico 视频，且处于百花齐放的状态。但是，视频传输作为一个产业，发育得仍然不够完善，有下面几个理由。

第一个是视频传输服务的广告平台不成熟。在免费传输服务时，商业层面很容易依赖广告收益，日本独有的视频广告传输商业在市场的黎明期时，从业者起步晚，发展也缓慢。

其他的付费视频传输平台则正在被世界级龙头从业者圈占。由于意识到强大的平台从业者会扭曲市场，于是我们开始对规则的可能性进行探讨，但是这种体量下他们的一举一动都是强势的。通信运营商也都希望视频传输配置能像游戏那样促进 5G 的普及。

但是，视频内容是一个受版权所有者意志影响的非常大的领域，现在也常有日本知名电影导演的作品在这些平台上均无法观看的案例。日本用户因为语言的问题，更熟悉本国的内容。平台从业者在成长，版权所有者如果没有保持步调一致的话，那源自日本的视频内容不一定能扩大传播范围了。

正因如此，日本视频传输的这种用户理解在前进而市场尚未成熟的状态仍会持续。但是回顾一下的话就会发现，这其中还是包含着很多可能性的，而且视频传输商业里容易漏掉的地方是，在日本，电视这个“巨人”还活着呢。

有的看法是随着互联网的普及，有线电视的势头变得越来越低迷。的确，基于广告收入来考虑的话，相对于互联网广告市场的飞速成长，电视广告的市场看起来就像在原地踏步。再加上地方电视台的经营迎来了拐点，等到东京奥运残奥会的特殊需求结束的 2021 年后，恐怕随着地方经济的衰退，部分经营危机也会表现出来。

但是从日本整体来考虑的话，自从“雷曼危机”以来的电视广告市场尽管每年有增有减，但从趋势上来说，是保持与

GDP 成长率相同程度的微增长。电视的观看时间尽管和其他媒体比较比例较低，但由于媒体总接触时间是绝对增长的，所以电视的观看时间在过去的 10 年左右没有太大的变化，甚至最近的 5 年里有回升的趋势。

另外，对于 NHK 与各民营电视台施行了可以进行网络同时再传输（通过广播播放的电视节目在互联网上再传输）的修正播放法，并加速推进所谓的民营电视台在东京总台的建设，各民营电视台企业与龙头广告代理店一起设立的免费视频传输服务（应用）TVer（电视人）也在普及当中，并且从 2019 年 8 月开始 NHK 也加入其中了。在电视广播延续其社会性价值的过程中，对为了替换传统的通过广告模式提升附加价值收益的商业模式的摸索从未停止，对历来通过广告模式提高附加价值收益的商业模式进行替换的摸索也从未停止过。

包含电视在内的视频传输，虽然可以通过和 5G 无关的其他方式加速普及，但仍然处于发展的状态。如果可以将上述状态应用到 5G 的普及当中，同时 5G 可以解决视频传输方面的问题（变现的可能性）的话，就有希望构建一种对于幻灭期 5G 来说是一线光明的互补关系。

## 启蒙活动期：2023—2025 年，成长为解决少子老龄化社会问题的基础设施

### · 这是怎样一个时期？

度过了幻灭期的 5G 从 2023 年起将开始向着普及正式努力。但是，与 4G 之前的样子稍有不同，5G 具有和以往的移动通信技术不同的两面性。那就是不仅可以涵盖移动端（室外使用、大范围移动）技术，还包括了固定端（市内使用、小范围移动）的技术。

涵盖固定端的使用方法在 4G/LTE 当中也偶尔见过，即在覆盖了 4G 网络的城市中，家中不使用固定宽带线路，全部

生活场景都用移动路由器（或智能手机的热点）的方式。在4G普及初期很快就遇到了上带宽有限这堵墙，以及因达到通信流量上限而造成的“流量猝死”。不过由于近年来放宽了限制，只要不是胡乱使用，对独自生活的人来说只用移动路由器就足够了，而且最近也有通信运营商开始自己经营使用4G线路的家用服务了。

能够从基础设施上这种使用方式进行强化的就是5G了。在技术规格上已经明确可以在家中使用，并且推进标准化的从业者们在一开始就从某种程度上瞄准了这一部分。

这个时期的5G应该是正在实现固定端使用，即家庭或工作场所的应用。在移动端的应用则终于在这个时期正式进入投资设备、扩大可使用区域的状态了。考虑到固定端的使用更容易控制设备投资，人们大部分的日常生活也在室内进行，因此先启动固定端的应用是很自然的事。

再加上到幻灭期时需求变大的娱乐会拉升对家用5G的需求，因此其他设备的网络化（信息家电化）会比今天更进一步。在这条延长线上受到关注的是智能住宅，这不仅是通过智能音箱简单地提升便利性，而是能够满足看护照顾老年人与失能者需求的解决方案。

到 2025 年时，第二次世界大战后婴儿潮出生的人差不多在 75 岁以上了，再加上少子化，可以预料日本人口的 1/3 左右会是 65 岁以上的老年人。并且，有预测指出每 5 个老年人中就会有 1 个患上认知障碍。只是简单计算的话，日本每 15 个人里就有 1 个人患有认知障碍。如果不考虑分布与变化的话，相当于上下班高峰时期的山手线一趟列车中乘坐了近 150 位患有认知障碍的乘客。如果没有全社会支持的话，是根本不可能应对得了的。

5G 服务对解决日本这样的社会问题会有很大的帮助。如果有用 5G 控制的传感器，就可以充分守护家中成员，而同时 5G 作为移动通信技术，还可以在认知障碍患者徘徊到室外时发出通知。此外，还能通过 VR 技术提供恢复身体功能的康复训练，甚至能提供刺激大脑的视频内容。再积极一点考虑的话，认知障碍患者甚至有可能在生活的一部分场景中再次感受到健康人才有的自由。

而且，职场中 5G 的利用也会进步。对于职场工作来说，未来恐怕会出现人手不足和工作方式改革的大趋势转变。基于彻底提升业务流程效率将可自动化工作从人向机器过渡的需求正在持续扩大，因此，机密性与及时性等对具体工作的要求也会更高。比起一直以来基于 Wi-Fi 的互联网，由通信运营商们管理的 5G 网络更加值得信赖的情况将会接连出现。

另外，工作方式改革让远程办公变得比以往更加重要。现在这个时代，不只是抚养孩子，看护需求也是一座大山。因为这种社会性的需求，所以在公司外进行工作的方式将会越来越普及。

到那时候，不仅是习惯了远程办公的人，让任何人都可以协同工作与进行会议就成了必要的条件，而通过 5G 解决延迟的 VR 无疑将会登上舞台。

当然了，工作场合并非只有办公室。在支撑起日本的制造业与农业中，就一直在呼唤数字化转化，不仅是通过供应链整体的改进来提升生产率，而且通过产品（零件）的溯源性提升“日本制造”的品牌价值也是智能工厂的重要目标之一。无论是工厂还是农场，局外人的侵入与无章法的操作都会带来非常大的负面影响，所以对“5G 更值得信赖”这种理念的普及来说，有着充分的需求基础。

### · 为什么会这样？

从幻灭期中幸存下来的技术都有共同的特征。

这是用来做什么的技术？谁能高效地提供这种技术？仅凭技术无法满足的需求要如何满足？在包括用户在内的利益相关者中，对这些问题的理解不断加深，于是 5G 能做什么、想让它做什么就会愈加明朗。

从用户体验的视角来说，5G 能做到的不仅是满足技术要求。例如连接到 5G 网络的看护系统，可以更令人放心地帮助失能者。从医疗保健的角度来看，如果用 5G 能自己看护自己的话，就可以不担心隐私问题了。在商业场景中推进的数字转化型也使 5G 的可信度更高。

通信业界以前称呼这种绑定了保证可信性的服务为“管理服务”，近年来以扩大用户体验的形式将其称为“信赖”。

首先，服务提供方所深刻理解到的是，信赖是必要条件。如今，不能理解信赖的从业者在数字社会中会被作为不负责任的存在而从市场中清除。仅 2019 年一年，就连续发生过大型便利店二维码结算的错误和就业中介领军企业将应届生就业服务中的数据用于其他目的，在未经允许的情况下提供给了第三方的事件。

因此，构成信赖这一概念的也包含了用户。不明白信赖的用户，就很容易被网络服务侵害。如果不能理解适合的信赖方法及标准，就无法判断自己使用的服务是好是坏。

另一方面，也应该进一步理解“想要做的事”。例如，为了放心地接受看护服务，必须指定看护的对象，以及对其动作保持监测。然后，我们还希望系统可以预测看护的对象接下来会做什么，并据此事先发出警报，甚至在有危险行动的时候进行制止等。要实现这些功能，就必须要求相关应用能安全地收集、管理信息以及实现高精度的预测。显然，这里需要的不仅仅是技术了，而是对 5G 的信赖。

根据移动通信运营商发表的对 5G 的中长期预测，预计 2023 年以后在日本国内开始普及 SA（也就是不依赖 4G 的纯粹的 5G 网络）。SA 的普及能够有进展的话，就能实现真正的低延迟通信了，而作为最大化利用这一点的解决方案，这个希望就被寄托在了第一章中提到的移动边缘计算（MEC）上。

如果使用 MEC 的话，就能限制数据的流通范围，并有可能解决隐私问题。比方说最近很多国家采用的“人脸识别系统”，因为隐私问题不仅在欧洲被限制，美国也在推进对其采取限制措施。而这门技术本身是提高全体社会效率的东西，今后怎么协调就是个问题。

到那时，重点就会变成运营商方面为什么想做人脸识别。出于商业目的，应该不会只是为了识别特定的个人，恐怕大多数是为了推荐广告和商品时更精准地判断“40几岁”“男性”这一类的统计属性。那么，如果能通过在照相机附近的计算机来处理的话，就既能提高处理效率又能降低风险。

不依靠据点设在海对面的云服务，简单的事在现场解决。基于这样的构思，在MEC里通过机器学习整合了识别技术的“边缘AI”，是对MEC的登场所寄予的厚望之一。希望可以与5G中保持连接的照相机感应器组成组合普及开来。

## · 备受关注的产业是哪些？

站在用户视角来看，被寄予期望的产业领域有个健康管理。这里提到的健康管理的概念是，通过将医疗、护理、体育、护理师支援、看护、住宅建造商、保安公司等按情况组合提供综合性服务。健康管理领域的综合需求正在不断扩大，但对此还没有建立一个改善供给的目标。这已经不能用期待等词语来表达了，而是“如果不做什么的话就会变成巨大的社会问题”这种紧迫的状态，这就需要利用5G的技术来解决问题了。

对于5G在职场上的普及，最令人期待的是上文中的远程办公与视频会议。如果能利用在娱乐领域中培养起来的VR技术实现有临场感的远程办公以及视频会议的话，也许会比游戏更加促进 VR 的普及。而且在工厂以及农场中得以应用，这些场地非常期待来自生产机械与成套设备的供应商提供的智能工厂与全新供应链管理。

与以往不同，5G 通信的对象正在从“个体”向“个体与周边”扩大。5G 所能实现的解决方案，总是着眼于将人与机器在工作时形成的整体流程实现最佳化。不过，如果想了解到周边的情况，需要大幅提升信息的解析能力，其中比较突出的问题就是如何保护个人隐私和企业的商业机密。5G 在这一点上是通过对应要求将网络分开使用的网络切片技术和上述的 MEC 技术来提高用户信赖度，这也与 4G 网络有着巨大的不同。4G 是专注于识别事先确定好的（或者是作为广告目标的）特定的个人及机械上，这在技术质量和成本效率两方面上是合理了，而 5G 一边将这两方面都提高到更高的水平，一边还考虑到了当前正在产生的各种担忧。打个比方，就像为餐厅中所有围在桌子旁的人推荐餐品及饮料那样，以由多个人构成的小规模组织为对象提供服务。

在对这种服务的开发进行探讨时，不能只是单个 5G，还必须与 AI 系统与 IoT 机器的开发者联动。不问领域和对象而全部通过 AI 进行预测是上文提到的解决方案的价值源泉。不只是填补简单的人手不足，对人类来说也为了处理多种多样且大量难以判断的信息，所以很多人非常期待能对此做出准确预测。

在这种以预测为前提的社会中，假如 AI 是大脑，IoT 就是感觉器官，5G 则承担着神经系统的角色。为了 AI 这个大脑的提高，必须要像人类的身体那样，将敏锐的感觉器官布置在身体的各个地方，将这一切通过神经系统这个高级网络直连至大脑并反馈信息。而作为神经系统的 5G 网络不仅是高质量的，还必须如期待中的那样工作。为此，对 5G 的要求不仅是技术规格要标准化，还包括实装阶段出故障时的可替代性在内，必须要在更多情况中能保持稳定。

为了满足这种要求，不仅要有 4G/LTE 时代以移动通信运营商为中心的基础设施提供方式，还必须有包含通信运营商以外的更多样的选手参与进来。比如，想想自然灾害发生的时候，我们很容易想象到移动通信运营商的无能为力，这不是要给他们施加更高一层水平的责任，而是要将其他各种各样的代替手段捆绑到 5G 中，促进实现更坚韧的社会基础设施。

反过来说，通过推进通信产业向 5G 的转移，能让目前经常有着闭塞一面的 4G 通信产业进一步向社会开放，以此加速将迄今为止从未连接过的服务相连接。

## 稳定期：2026—2029 年，实现连通整个社会的“全连接”

### · 这是一个怎样的时期？

进入稳定期后，对 5G 的怀疑被拂去，很多人会接受 5G 环境。由于 5G 从技术上能达到高标准的信赖，以信赖为前提的服务开始被社会期待，5G 谋求的以预测为前提的社会开始初现雏形，其便捷性也将覆盖到更多的人。

结果简单来说就是实现“目前还没有连通的东西会不断连通”的世界。例如家用电器应该可以被更多地连通，对汽车连通的支持也应该比现在更发达，城市里自动贩卖机与数字标牌、便利店的货架及冰箱、咖啡厅的椅子与桌子等也都会跟通信网络连通。

最终，曾经与通信服务无关的服务也会因为 5G 而提升附加价值并形成新的市场。5G 服务的产业规模将变得与之前相差悬殊，而且如果不以市场的思维方式重新审视的话，就无法把握整体的规模及事业性质。

比如说朋友之间要见面聊天的时候，一直以来都是必须先决定碰头的地方然后再会合。而假如双方在 5G 环境里的话，也许各自乘坐的智能互联汽车就能一边考虑彼此的前后计划及商业区咖啡厅人数的多少，一边推荐一个意想不到的咖啡厅来让彼此直接见面。

现在人们用智能手机约会的方式已经和我那个年代约定“某月某日，傍晚 5 点涩谷站八公前”不同了，他们都是在 LINE 一类的聊天应用上互发“一会儿去涩谷周边见面吗？”这样的消息约会的。这种缓和的联系，如果加入进入稳定期的 5G 环境支持的话，本人发发呆的时间，服务方就已经给出最优的约会地点了。

在这个时期，也许对 6G 的期待会变大。如果再加上一个要把 5G 能做的事全部做完愿景的话，那时候人类的欲望应该会更进一步。作为改善 5G 的技术，6G 的难度恐怕最高，并且应该实现许多人期待的各种自动化。如果到了这一步，整个社会将发生巨大的改变，6G 将会作为真正意义上的社会基础设施去设计。

另一方面，4G 的用户体验，也就是说智能手机和应用的世界应该也有一定程度的残留。与现在随着智能手机的普及而逐渐消失的个人电脑一样，只要还有使用智能手机更合适的应用和这样认为的用户存在，智能手机和应用就有一定的立足空间。但到那个时候，真的感觉 4G 是个老古董了，然后很自然地会联想到当我们处在上文中提到的不断连通的世界中时，被封闭在智能手机中的服务就会开始褪色。近年来以个人电脑为前提的 Web 网站一点一点地减少，用个人电脑看智能手机网站的情况一直在增多，运营商会一边看用户的倾向，一边逐步推进向 5G 的转移。

话说回来，很多人关心的智能手机之后会是什么，也许会在 2026 年前后具体化，应该是在启蒙时期兴起的智能家庭及智慧工厂这样的产品。在这样的产品中，因为整合了动画以及游戏这样的娱乐要素或者 VR 技术，比起“智能 ×× ”的叫法，比较具体的服务与设备的名称反而容易幸存下来。

## · 为什么会这样？

稳定期指的是，建立在启蒙活动期之上的 SA 大量普及的时期。随着 SA 这种不依赖 4G 的纯粹的 5G 网络的普及，从最开始就被期待着的 5G 性能，即超高速、低延迟、多点同时连接、网络切片等特点将会充分发挥出来。特别是能实际感受到低延迟后，对能利用这种特点的产品的需求将会更高。比方说像 MEC 那种技术的真正价值会被认可，并明确地将其定位为一个“能赚钱的系统”。

另外，这个时期的 5G 隐藏着一个成为将移动网络、固定网络、Wi-Fi 都吞并的网络基盘的可能性。因为虽然在启蒙活动期了解过，但如果将 5G 作为技术标准再重新认识的话，就不难发现它正是以吞并各种各样的接口为前提的。如果在稳定期时，规格及接口都已整合的话，也许 5G 就会一统天下了。

迄今为止无论是在物理上还是在规格上能将乱七八糟的数字通信访问统一起来，这不仅对用户体验，更对各种产业来说都是一种巨大的冲击。现在暂时承担这个职责的是 Wi-Fi，虽然很多设备都带有 Wi-Fi 功能，但这会成为提供设置便捷且无缝服务的瓶颈。说得直接一点，现状就是服务内容之前的入口部分可能会导致错失事业机遇，也就是说，事业机会会因为先于服务内容的入口部分而流失。

5G 服务正在进入生活中的方方面面，并将各种事物可连接化，其结果是能够获得各种各样的数据，实现立足于预测之上的事故预防以及提高效率和满意度。在第一章中，将此范例描述为“预测为前提的社会”，可能在安定期的时候这个概念能更积极地被接纳吧。

也许会出现认为这种情况像 SF 电影那样令人厌恶的用户，可是，如今我们已经在以网购为代表的各种场景里进行预测了。这种情况下不如说重要的不是预测，而是预测是否准确。也就是说，对那些既不准又不离谱的预测带来的这种半上不下的感觉是令人厌恶的原因之一。美国白宫在 2016 年发表的名为《为人工智能的未来做好准备》的报告里指出，AI 信息采集将男性识别为女性的错误十分严重。反过来说就是，AI 应具备不会搞错预测对象的精度和细腻度，预测技术应该在不必担心隐私问题、构建了正确信赖的环境中渗透。

像这样，当新的模式被认可，且基于 SA 的 5G 网络广泛普及的时候，4G 才会最终落后于时代。5G 的通信品质以及以此品质为前提的服务的提高，已经不是 4G 能够抗衡的了。要说 4G 还能做的事，应该也就是在智能手机上使用应用了吧，那就已经和用 3G 的非智能手机打电话的感觉一样了。

这样的话，4G 被作为低效且占用无线频率波段的障碍，退出历史舞台的日子就近了，但恐怕也要到 2030 年前后。

### · 备受关注的产业是哪些？

上文列举了智能互联网汽车作为在稳定期内备受关注的使用 5G 服务的例子。其中除了智能互联网汽车本身，还有 MaaS 服务（出行即服务），二者都会开启出行的新时代，世界各地的运营商都为此努力着。但这二者不只是汽车企业的事情，而是需要铁路行业者及房地产开发商、服务运营商等有关的各方共同合作。

已经有使用 4G 服务的智能互联网汽车存在了，这个概念本身已经逐渐成为与我们密切相关的事情。但是，4G 时代的智能互联网汽车其实是将连接到互联网当作附加价值，即使不连接也无所谓。

另一方面，将在 5G 的稳定期实现的智能互联网汽车的目标，是汽车可以与外部环境通信，一边互相协调一边进行合理的移动或搬运，因为 5G 环境对推进出行方案最佳化来说是必要条件，所以不连接不能用。

也许这样高维度的智能互联网汽车将会超越单纯作为移动工具而存在的汽车。若将智能互联网汽车当作生活工具的话，那它应该担负了用 5G 将家庭、工作等场所乃至整个城市智能化的“终端”的职责。

为此，必须将高级的通信环境内置于车内并在城市中进行普及，也就是说，必须要有 5G 网络和该系统之一的 MEC。反言之，如果不以将 5G 网络和 MEC 按整个城市为单位进行实装为目标的话，智能互联网汽车在早期阶段就会停滞不前。

即使从扩建基础设施的角度来看，智能互联网汽车与 MaaS 的存在也有很重要的意义。虽然已经有丰田汽车发布了“e-Palette”，但在通信的角度上，我们不希望汽车只是个终端，而是希望它还能为周边居民提供连接的基站。插电式混合动力汽车还可以作为自家的替代电源使用，而且也许可以扩大发展用途成为供给附近连接的来源。

这样一来，也许在 5G 稳定期时，通信运营商的职责就会改变。不仅不再只是智能手机及应用软件的服务提供者，连赚钱的方法也会改变。在我们的日常生活中，与拥有正确接口的运营商的协议会成为我们的生命线，这就要求他们具有贸易公司、房地产开发者及广告代理店那样的商业拓展功能。或者，希望他们还能承担像地区电力公司那样的职责以及支持地区信息流通的职责。

高速公路上列队行驶的卡车等，在特定使用环境中的自动驾驶实验正在进行中，所以我想自动驾驶马上就会实现。但是，在城市中纵横驰骋奔跑的完全自动驾驶汽车，最快应该也要在2030年才会出现。也就是说完全实现自动驾驶的目标其实是在6G时代。这不仅因为5G的能力有限，还有汽车技术的问题以及法律、社会基础设施等问题，所以不是那么简单就能实现的。

在智慧城市中支持我们生活的不只有汽车，还有人类机能的增进设备。这可不是那种在脑袋里插电极的科幻小说的替代物（实际上美国已经在研究了，但是不知道能否赶得上5G）。比起这个，更被现实需要的是，在帮助需要护理的人的时候穿着的动力辅助服，或者是24小时监控健康状态的穿戴式的由电脑延伸出的产品。

动力辅助服已经应用于工厂的作业现场，可以用于帮助搬运既精细复杂又很重的货物。但是，如果对动力辅助服的控制发生错误，或许就会对人体造成损伤。那么在这样的现场，需要的就不只是高性能，还要有能保证正确性及完整性的“信赖”。另外，在除动力辅助外还要求远程操纵的时候，就希望有比同时收发多个信息更高品质的网络。这就意味着，5G 的功能或承担的责任被寄予了厚望。

在 5G 进入稳定期的时候，应该已经开始进行对 6G 的讨论了。也就是说，上面提到的这些服务及事业形态将会成为通往 6G 的桥梁。

# 对 5G 时代的通信运营商施压的三处变化

在 5G 时代，通信运营商的业务将发生巨大的变化。通信运营商和在日本生活的几乎所有人都签了线路协议，是营业额极高的企业。因此，这种趋势不仅会持续到 5G 普及的将来，还会极大地影响整个社会。所以这里主要是一边思考通信产业的结构，一边探讨通信运营商的业务将如何改变。

## · 从拥有基础设施变为共享

预测 5G 时代中一个巨大的变化是通信运营商和通信基础设施的关系。一直到 4G 时代，日本的通信运营商原则上都是以城市为中心，公司自行开展对基站及核心网络的设备投资，用于自己公司的服务。因此，通信基础设施作为通信运营商所拥有的资产，会被计入资产负债表。

另一方面，在 5G 时代并不一定只能使用自己公司投资的通信基础设施。根据需求，也有可能借同行公司所投资的基站等其他公司财产来提供通信服务。这是因为，在 SA 时代的 5G 基础设施的投资在覆盖面与空间上的规模将会变得很大。

一直到 4G 时代，主流的基站设置采用的都是室外的“宏蜂”技术。即在区域中建立一个大规模的基站，让许多用户共用的形式。这种方法，只要能合理地预见需求和供应的话，就可以将用户对通信品质的满意度维持在一定的水平之上。另外，设备投资效率也很好，因此，这是通信运营商所期望的方法。

另一方面，在电波难以到达的室内或无法满足需求的地方，特别是进入 4G 时代以来逐渐增加了“蜂窝”技术。这是以一层楼或一间房为单位设置的基站，能满足空间和容量两方面的需求。现在已经能在办公大楼里加装电脑 Wi-Fi 路由器或火灾报警器这种小型基站了。

用宏蜂技术与蜂窝技术进行比较，前者在设备投资效率这个角度上具有压倒性的优势。尽管蜂窝技术的构建十分简便，但实际上必须在每间房子或走廊的位置进行设置工作，还需要进行接入电源以及网络等设施内部的线路工程。而且，因为需要对他人拥有的房产进行施工，所以必须得到许可，也需要和正在使用目标空间的使用者就暂时停止业务进行沟通及支付停业补偿。

在5G时代，预计无论室内外，蜂窝技术都将成为主流。如在第一章中提到的，5G所使用的无线频率波段非常高，光的特点更加突出，因此电波很难回转到每个角落。说极端点的话，来自室外某个宏蜂基站的电波甚至可能会因为玻璃或窗帘而反射扩散，无法到达屋子内部，在室外也有可能被人行道树或告示栏这样的障碍物所阻挡。因此，在室外必须到处建立小型基站以覆盖信号。

在“蜂窝”这种技术下，如果通信运营商继续目前的这种竞争及设备投资，就可能会出现通信运营商在需求较多的区域爆发激烈的“地盘之争”，而对于需求较少的区域则不理不睬的失衡。因为在通信运营商的立场上考虑设备投资效率的话，这种行动才是更符合经济合理性的。

因此在5G时代，还是希望通信运营商之间可以互相共用设备。那样的话，各运营商既可以提高设备投资效率，又可以扩大覆盖范围。

实际上 5G 也具备轻松实现设备共用的特征。不同运营商分配的无线频率波段都是相似的，而且由于 IP 化（以网络的基础技术为前提的技术的共用化）的推进，在技术层面上通信运营商之间并没有什么不同之处。

在业务层面也已经有一部分共用的实际成果了。在日本国内，地铁隧道里面的手机基础设施一直是公益财团法人移动通信基础整备协会（俗称隧道协会）来设置物理上的基础设施，再由组成隧道协会的通信运营商们共用。而且为这种需求赋予事业机会的新的运营商正在登上舞台，通过与隧道协会类似的构思，设置基站等基础设施，但设备所有者却不提供通信服务，而是专注于租借给通信运营商。

这种模式也被叫作“高塔商务”，很早以前就在包含跨境在内的通信运营商间和漫游业务鼎盛的欧洲以及来自资本市场的资产效率压力巨大的美国开始普及了。在日本，除了已经加入的 JTOWER 股份公司之外，拥有用来安放基站的电线杆及地面压变器的东京电力等也表示出了关心。除了这些运营商，拥有场地和网线的区域自治体等也具有一定的潜力。

像这样，不采用通信运营商转用自己公司财产提供服务的

“垂直整合”模式，采用通信基础设施与通信服务分离的“水平的分工”模式，将有可能改变 5G 时代的通信运营商的业务结构，也许还会改变通信运营商的工作方法和思考方式。

不过，这种水平分工的模式能完全渗透可是件相当前沿的事。如上所述，5G 与 4G 即将共存，4G 很大可能是要延续到目前为止的垂直整合的模式。

对水平分工式铺设 5G 基础设施的需求将在 SA 之后开始变强。相反的，如果还没到 SA 阶段的话，则很难采用水平分工形式，这里也有技术方面的原因。目前还是要将通信运营商拥有的基础设施与同行业公司所拥有的基础设施，以及除此之外的从业者们所拥有的基础设施组合到一起。

有趣的是，像这样东拼西凑的状况也能创造出新的事业机会。为了在拼凑的状态下也能保持通信服务质量及安全水平，就需要软件解决方案，因此，事故发生后的补偿体系也是一门生意。

这种产业结构的变化以及可将此作为事业机会的契机，从来没有在通信产业这样巨大的产业中出现过。最快会从 SA 开始普及的幻灭期的后半段开始出现明显变化。这样一想，留给我们准备的时间恐怕不多了。

### · 从信任锚变为信任管理器

通信运营商的职责将不再只是守着通信基础设施与通信服务。特别是在用到基于合同的后付费（在日本基本都是这种形式）的情况下，通信运营商有作为“信任锚”的责任。

信任锚原本是为了在互联网上办理电子认证手续而放置的基点。一般意味着确认对方作为通信对象是否正确，确认电子数据没有被中途更改和状态正确。特别是一个人来确认另一个人是否正确，再由此人来确认又一个另外的人是否正确的连锁验证的方式来实现信息流通（比如叫作 PKI 的公钥密码基础结构），这个连锁的基点就称为信任锚。

日本有防止手机滥用法这项法律，所以移动通信运营商有在签约时进行本人确认的义务。并且，根据银行账户或者信用卡等信息来切实保证实施结算的方法。也就是说，基于法律上的正确手续确认身份和控制钱的流向。应该说移动通信运营商在 4G 环境下具备担负社会系统中信任锚职责的能力。

5G 时代的通信运营商除了从 4G 时代继承这种作为信任锚的职责外，还被期待承担全新的职责。那就是作为“信任管理器”的职责。

信任管理器这个词是我创造的，是尚不存在的概念。对其具体设想的职责是，作为第三方为想和某个用户交流的运营商（如想要提供服务的运营商、想推送广告的运营商等）确认用户的适合性，即该用户是否适合作为接受服务主体的功能。

以广告传输为例，现在的互联网广告从业者们，不再直接采集明显的个人信息，而是根据各种各样的因素推测目标用户的属性及爱好等，并通过配对寻找其“作为目标的可能性”。最终可以推送让人感觉“明明没有透露过个人信息为什么会知道我的喜好”的广告。

但这也因人而异（或因情况而异），既有人感觉很受用、很体贴，也有人感觉很厌恶、很别扭。另外，情况稍微恶化的话，可能会发生推送了本来不应该推送的广告的事故。例如，用户明明是女性，但是向她推送了面向男性的广告，或者向未成年人推送了面向成年人的广告等。这种情况已经成为社会问题，并且正在寻求对策。

谷歌公司与脸书这种平台运营商提高了目标的确切性。他们免费提供各种服务也是为了获取能够提高这种确切性所必需的用户使用倾向数据。不过近来，数据隐私意识及对这种处理大规模复杂数据的 AI 系统在商业上黑匣子化的警惕性正在提高。因此，比如苹果公司就以隐私伙伴的姿态对 cookie 这种追踪用户的手段采取了限制措施。谷歌公司也在摸索让维持、扩大业务与避免无脑追求目标确定性共存的方法。该公司于 2019 年 8 月提出了“隐私沙盒”的概念，具体的内容将会逐渐公开。

所以，为了维持被提供的信息与服务的准确性，就必须要有运营商能撑起像谷歌公司与脸书这种平台运营商一直以来所担负的“目标的确切性”。这也是我们期待通信运营商能承担的职责。

也许在通信运营商的角度来说会感觉被强加了一件麻烦事，也能想象得到会有一部分来自对通信运营商还不那么信任的用户的反对。但另一方面，5G 环境不仅在智能手机这扇“窗”里，还扩大到了我们的物理生活空间以及在其中开展的物理性的服务。因此，这不仅仅是关于个人隐私的话题，还关系到谁必须面对结算的准确性与享受服务时的合格性这种更广范围的社会问题。

不是谁都可以承担网络空间与物理空间之间的纽带职责，希望通信运营商能够充分担负起包括将其成功商业化在内的这份职责。在更高层面做好建设，这不正是 5G 时代的通信运营商存在的理由之一吗?

## · 从圈占服务变为利润分享

迄今为止，通信运营商一直在提供应用软件等这些在通信服务上开展的附加价值服务。3G 时代有 imode 和 ezweb，4G 时代是通过应用软件的形态开展通信运营商独特的服务。

这种服务的共同点就是圈占定向的功能强大，因为原本最大的目标就是圈占使用自己的通信服务的用户，所以会有依此制定的方针，而且还有不少圈占内容与服务阵容的方法。随着 4G 环境下智能手机的普及，这种倾向虽然在一点点地减弱，但现在还是保留着。

不用说都知道，用户自己肯定不会期望这种圈占。如果内容及服务系列少的话，还是要摸索其他的手段，因为现在已经不是那个连终端都可以完全圈占，甚至技术和业务都由通信运营商来设计、建设、使用的时代了，用户有了更丰富的选择，而最终能将经营资源集中于内容以及服务的平台运营商会崭露头角。

长久以来，这种通信运营商提供的服务与应用程序事实上还是有一点欠缺。到了 5G 时代，这种圈占策略会基本消失，通信运营商也会和平台运营商及内容持有人联合起来，摸索新的事业机会。如上所述，已经逐渐在游戏及视频传输中看到这样的合作倾向了。

今后，这种与服务及应用软件运营商的利益共享的模式将会以非圈占、更开放的形式普及开来。特别是上文中说到的信任管理器职责，作为将服务提供给用户的责任主体的通信运营商的职责，今后肯定会有更大的市场需求。

但是通信运营商对于这些还不熟悉。从事顾问工作的我对运营商多少有点了解，但即使是在外界看来十分先进，也总会有感到通信运营商被“月资费多少钱、赚多少钱”的价值观浸染的瞬间。5G 能否改变这个价值观呢？见过许许多多运营商的我对此是表示怀疑的。但是，考虑到 5G 所具备的技术可能性以及围绕通信事业者的社会及产业环境的变化，不改变是不可能的。

实际上，如果通信事业者不担负这样的职责的话，那么无法问世或变现的服务将会堆积如山。当这些服务被埋没了的时候，通信运营商没准儿会被人从背后指指点点，说他们是“阻碍改革的罪人”。

正如 4G 到来之前的那一刻，经营者只看到自己公司客户的话，就会受到那样的批评。不仅如此，为了扩大其他产业在支援数字化转型中的作用，我们不能只看到加入者，还必须关注那些为地方自治团体及社会做出贡献的参与者们。

通信运营商的业务确实会因 5G 而发生变化，能够抓住这个风口改革自己商业模式的通信运营商，才会成为支撑 5G 引发的数字化转型的社会的重要参与者。反过来说，不懂得变通的通信运营商将在 5G 之后的社会变革中落后，也许连生存都很困难。

5G 对通信运营商来说是一剂“烈性药”，错误地饮下自然会有副作用，但正确地喝下去也许可以很大程度地改变自己存在于世上的理由。而且，必须马上决定是否喝下。当然我也在反复思考是否真的是这样；经过反复思考，我觉得大概就是如此了。

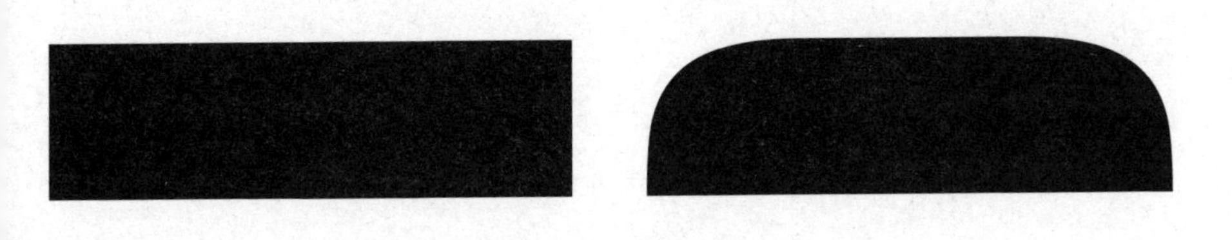

第 三 章

# 各领域内“5G× 新事业”的潜力股

# 游戏传输：以串流和订阅开发新天地

## · 是怎样的一种服务？

作为高效发挥 5G 优势的服务而最早登上舞台的就是游戏传输服务。如今，游戏运营商也正在水面之下推进以 5G 为中心的开发工作，移动通信运营商同样正积极地开展合作。我们可以分别从 2022 年前的“幻灭期”和 2023 年后的“启蒙期”考虑其升级的过程。

首先，在“幻灭期”，恐怕还是会继续推进传统智能手机的社交网络游戏来适配 5G。理由很简单，5G 基础设施还没有充分准备好，而且完全适配 5G 的智能手机尚未普及，所以还是需要能与 4G 环境下的游戏兼容并相互借力。

但这样的话也许不用 5G，只要现在的 4G 环境就足够了。特别是早期的 NSA 组网无法最大限度地发挥 5G 的特点，如果除了网速稍微快一点之外没有其他好处的话，许多用户还是会优先把钱花在通信资费或终端费用上。

不过谷歌公司和苹果公司却在幻灭期的问题上反其道而行之，并瞅准了事业机会。正如第二章中提到的谷歌公司和苹果公司分别开发了 Stadia 和 Apple Arcade 两个游戏流式传输平台，并且都宣布要在 2019 年秋季开始服务。

2019 年 9 月开始服务的 Apple Arcade 可以在电视、电脑、平板电脑、智能手机等任何一种终端上游玩，且无广告和游戏内充值，以按月付费（订阅）的方式提供服务。苹果公司公开表示将发布超过 100 款新作品，并且它的开发伙伴中也有很多知名公司，都非常厉害。

与之抗衡的谷歌公司 Stadia 也预定于 2019 年 11 月在 14 个国家与地区开始服务（遗憾的是开始的时候不包含日本），还可以跨终端游玩，并且高级版月资费套餐可以提供 4K 及 5.1 声道等高清晰、高质量的游戏。在 2019 年 9 月于荷兰举行的国际广播电视展 IBC(International Broadcasting Convention)

上，同样发布了与 Android TV 整合的进程计划。

但无论哪一家公司，其最终目标都是主机游戏，也就是基于索尼的 PlayStation 与任天堂的 Nintendo Switch 等游戏主机的游戏。区别在于苹果公司的没有广告，谷歌公司的则是免费有广告，但无论哪一个都设计了包月付费的机制。从用户体验上来说，这可能会成为主机游戏版的亚马逊金牌会员或网飞那样的 SVOD（订阅型视频点播 / 定额收费视频传输）服务。

要注意是，他们都是在提供串流服务的同时提供高清晰、高质量的游戏。游戏主机上的游戏已经处于很高的水平了，因此，想与之抗衡必须要达到同样的程度。如果以串流形式提供的话，就对通信环境提出了很高的性能要求。

无论是 Apple Arcade 还是 Stadia 都可以在 4G 或者光纤下顺利游玩。但是，当把提供更高品质环境的这种差别化作为付费套餐的卖点时，5G 环境则更为合理。双方在 2019 年这个时间点发布游戏平台，显然是意识到了 2020 年之后 5G 的普及。

在“启蒙活动期”到来的 2023 年之后，在家玩的主机游戏也会迎来新的商机。不过，考虑到 5G 现实的普及程度，到 2022 年左右，面向移动端的服务会比面向家庭的更有发展。

而谷歌公司及苹果公司所做的事，就是在二者之间架起桥梁或者说将混乱状况转变为事业机会。

他们的目标是打造一个不分 4G、5G，或者电视、智能手机的跨平台世界观。他们所考虑的 5G 中的用户体验是在家中和在外面都可以游玩。因此，5G 时代中游戏开发所必需的既不是主机游戏也不是社交网络游戏，而是可以横跨二者之间的游戏作品以及具备能将其实现的开发体系。

## · 普及的主要原因

游戏行业对新型发展模式的不断摸索，是游戏在 5G 普及初期的时间点重新受到关注的主要原因。

迄今为止，在游戏领域有过主机游戏与智能手机游戏两大潮流。由于主机游戏需要相当大的开发成本，所以风险较高，且交易形式也是以销售软件包为主流，所以限制了额外付费的机会。而突破这种限制的是适配于智能手机的游戏，但也同样由于激烈的竞争环境而导致开发成本一路上涨，因此商家较为依赖能够激发用户侥幸心理的商业模式。最终结果就是作品寿命缩短，付费抽奖体系则相应地作为一种产业而登上了发展的舞台。

在这种情况下，从2019年开始的流媒体传输这种新型平台就不是偶然的产物了，而是平台运营商判断哪里有巨大事业机会的战略思考的产物。并且，订阅和通信服务的兼容性很好，平台运营商与通信运营商也可以在基于用户体验的服务质量（QoE）把控与收益分享方面开展协作。实际上，移动通信运营商正在探讨将特定的游戏作品或者游戏使用场景分开售卖，以及让通信设备供应商来提供解决方案，在某些时候提供高清晰度或临时提高角色能力等附加价值。

用户对于游戏的接受度比想象的要高。在日本所谓的“新人类一代”（在2020年时50~60岁的那代人）适逢“太空侵略者”等第一代电视游戏问世，之后的“团块世代”（同期40~50岁）则是完全沉浸在FC与PlayStation中的一代人，而再往后就是通过智能手机享受游戏乐趣的习惯开始在男女老少之间普及开来。虽然在分布上多少有些不同，但这种倾向在发达国家中是大致相同的。今后中老年人在空闲时间对游戏的需求会进一步扩大，游戏人口的自然增长量值得期待。

用户体验能广泛普及，得益于行业状况和用户方面的动态一致，并且与构建、运用5G服务的通信运营商的需求也很一致。这样想的话，游戏很可能会成为5G普及初期的巨大推动力。

### · 适合什么样的企业？

游戏行业是非常重视知识产权的行业。随着游戏行业整体的成熟，导致市场对人气很高的作品非常依赖。因此，至少在 5G 普及的早期阶段，拥有热门作品版权的游戏公司肯定会非常有优势。

那么，在主机游戏领域有优势的开发公司与在智能手机的社交网络游戏方面有优势的公司，哪一方更加有优势呢？考虑到 5G 的普及倾向，答案恐怕是哪一方都不够有优势。也就是说，无论是作品版权持有者还是平台，只有主机游戏与社交网络游戏二者都精通的企业才会更有优势。

说得具体一点，就是在当下既拥有知名游戏版权，还具备将其用于主机游戏和社交网络游戏两方面的开发能力，这样的企业才能在 5G 的普及初期发挥出实力。

### · 准备时机

瞄准 5G 时代的新游戏开发之间的竞争已经开始了。实际上，寄希望于将游戏作为勇闯幻灭期的强力服务的通信运营商们，正在向前推进与游戏开发公司之间的协作。所以，入场时机其实已经来临了。

不过如上所述，5G 时代的游戏预计是在基础设施普及细分化的同时展开普及。然后，这些基础设施预计会从启蒙活动期开始的 2023 年前后正式普及。因此，目前尚未行动的游戏开发公司，先不要在早期盲目入场，首先要做的是将自己公司所拥有的作品版权及开发能力与 5G 普及的整体计划进行整合。在此基础之上，一边盯紧 2023 年的变化，一边寻找入场的时机。可能在 2021 年下半年—2022 年上半年就能看出一些端倪。

### · 应该考虑协作的参与者

在 5G 时代的游戏产业中，随着不同以往的平台的崛起，各运营商会追求全新的变现手段。作为核心参与者的谷歌公司与苹果公司，和担负着变现职责的通信运营商都备受瞩目。

当然还必须看清楚索尼与任天堂这些主机游戏的优势企业及拥有热门作品版权的社交网络游戏运营商将会采取什么样的行动。特别是到幻灭期结束的 2022 年左右，预计那时的行情会极为活跃。根据情况，现在的游戏公司将很有可能被 5G 时代的全新平台的运营商收购。

另外，作为拓展游戏体验的技术，VR 与 AR 也很受关注。

特别是在与主机游戏的结合方面，VR 是非常有优势的。

那些备战 5G 时代的主要公司已经在进行 VR 技术的开发了，也开始讨论具体将在哪些场景中应用这些技术了。VR 不仅可用于游戏，而且还是一项能够应用于视频会议等交流活动的技术。

# 视频传输：“高清晰”与“零售”成为全新商机

### · 是怎样的一种服务？

5G 的普及初期，特别是作为幻灭期的杀手级应用，和游戏一样备受瞩目的是视频传输服务。视频传输已经广泛普及，用户体验也大同小异，而且由于很容易与 5G 超高速、多点同时连接、网络切片等特点相结合，因此很希望它能成为最先带动使用 5G 服务的市场引擎。

目前已经有了一些方案，开始出现重点在提升画质的移动资费套餐。2019 年 8 月，KDDI 发布了新的资费套餐，在可将网飞添加进套餐的“auDATAMAX 方案 Netflix 包”中，选用基本套餐（没有增值费用）就可以观看 SD 等标准清晰度的视频。如果每月多付 400 日元则可以观看 HD 等高清晰度的视频，每月多付 1000 日元则可以选择 4K 画质。正如该公司在发布时所说的，这是面向 5G 服务的资费方案。

今后，其他的通信运营商也会逐渐强化与视频传输服务的合作，迎接 5G 的商用化。我们瞄准的就是将视频传输服务的普及转化为 5G 的推进力，这意味着，视频传输的市场从 2019 年前后开始扩张，这个势头将持续到 2022 年左右。

通过 5G 进行视频传输服务，最能让人联想到的特点就是画质的提升。现在，大部分使用 4G 的视频传输服务的标准一般是 SD（画面像素 480p），也会根据情况提供 HD 的画质（与数字有线电视广播及蓝光相当的 1080p 像素的画面）。通过 5G 则有可能提供高达 4K（画面像素 2160p）的高清晰视频传输，这也正是 KDDI 资费套餐中的升级步骤。

但是只有这些的话，就会和游戏传输一样，与 4G 区别不大，不足以成为卖点。5G 的视频传输服务需要的是，能提供与目前不一样的用户体验，比如传输电影的首映式。当错过了剧场公映，或者想在自己家中用 8K 影像慢慢欣赏，而距离 DVD 发售还需要一些时间或者不想买 DVD，又正好在周末晚上，那么只要在平时的月资费上加一点钱，就可以看到想看的影片。

不过现在还没有这样的用户体验，原因是视频传输运营商圈占了作品，而且现在也没有开发出支持“只想在稍微好点的环境下立刻观看某部作品”的传输、变现等技术。特别是院线影片一般是在电影院下线（首次传播）至少半年以后才进行 DVD 或互联网传输（二次传播）。当然这样可以提高电影院的揽客能力，但在二次传播时却由于没有开发出新型变现手段，而导致容易依赖现有体系，而且随着二次、三次的传播，影片盗版的风险也会升高。

换句话说，假如有新型的变现方法和让版权持有者信任的流通体系，并且具备同电影院级别一样的高清晰传输的环境，应该就可以让二次传播具备更高的附加价值。而这一切所需要的条件，5G 就可以满足。

技术方面的性能如上文所述，除此之外，由通信运营商所提供的 5G 还具备灵活便捷且适配的结算手段。同样的，因为是通信运营商承担责任并运营网络，所以还可以构建降低外流风险的对策。有了这种功能，那么“虽然价格高一点，但可以在影院下线后较早地观看影片”的可能性会大大提高。

### · 普及的主要原因

视频传输服务普及的最大原因是，用户已经完全熟悉了各种各样的视频传输服务。当然在 5G 普及早期，对许多用户来说，5G 是未知的存在。因此，借助已经普及的服务的安心感就变得十分重要。虽然这与游戏传输相同，但视频要比游戏更加流行。

过去就有在 Youtube 等平台上进行视频投稿的服务，近年来，SVOD 更是飞速普及。在固定了费用的收费视频传输服务方面，有亚马逊金牌会员、网飞、HULU 等为代表的平台，通信运营商也在致力发展各种 SVOD 业务。

SVOD 中用户反复签约和解约是使用形式上的特点。虽然 SVOD 各公司都热衷于扩充视频资源库，但是无论收集了多么丰富的资源，人们的兴趣是有限的，可利用的时间也是有限的。这样一来，对用户来说看到一定程度后直接解约然后转投新的运营商的反复操作就是一项合理的选择。实际上，那些使用几个月网飞后转投 HULU，等结束后再重签网飞其他服务的用户越来越多。听 SVOD 运营商的意思，好像他们已经逐渐向这种情况的业务形态进行转换。

这种用户行为的产生，是因为之前可能要购买每部作品，如果可以单独购买某个电视剧系列的话，就可以充分考虑提供单卖、零售等附加价值。

例如前文所述的传输电影的首映式就是其中之一。由于供给方还处在开发业务当中，无法充分满足在周末晚上慢慢观看一部电影的需求，而通过 5G 助力该业务的开发，就有可能激发用户的相关需求。另外，即便签约的视频传输服务是提供 HD 画质，也可以通过支付额外费用来观看 4K 及 8K 画质的特定作品，这就是用单独的数据包来满足个别的需求。

另外，由于对 5G 充满期待还有基础设施方面的原因，对于 4K 以上的高清晰视频传输，移动网络与固定宽带都存在通信基础设施跟不上的情况。如果是公寓等集中住宅的话，即便从通信运营商的站侧铺设光纤到公寓，而进入公寓内各家各户的通信线路使用的还是传统的电话用铜线，几乎都不是能够观赏 4K 视频的基础设施。并且由于必须由公寓内的所有人来承担费用和安排工程，所以迟迟得不到改善。

相比于上述方式，反倒是各通信运营商安装可以在建筑物内使用 5G 的超小型基站等公用设备更容易实现一些。也就是说，普及 5G 可以打破高清晰视频传输服务的瓶颈。

### · 适合什么样的企业？

视频传输也是重视知识产权的行业，但与游戏不同的是，视频传输的前提是在电影院及 DVD 等不同于互联网的媒体上共同使用视频。另外，由于作品数量十分庞大，所以能够收集大量视频的平台就显得十分强大，这样一来，平台运营商与视频版权拥有者无疑将会占据更大优势。

由于观看完个别视频就解约的用户行为越来越普遍，所以我们可以看出，视频传输只靠传统的圈占战略是无法成长的。但这并不代表圈占的失败，反倒说明被定位成能够提供全新附加价值的企业将在 5G 时代赢得先机。比方说要在 5G 环境下将刚结束院线公映的视频进行 8K 视频传输时，就会需要那种推荐并输送客人的分支机构。

这种情况中的分支机构除了可以考虑“每输送 1 个客人 0.1 日元”这样的商业模式外，还可以采用将 8K 视频传输所得销售额的向上销售部分进行利润分享的方式。而 5G 作为能让这种“适度结算”更容易实现的技术，便可以有效地发挥作用。

### · 准备时机

视频传输服务与游戏并列，都被视为能成为渡过幻灭期的强有力的服务。因此，和前文所提到的 KDDI 的新资费套餐一样，通信运营商也正在努力地推进视频传输服务与游戏的资费方案。所以，入场的时机已经开始了。

另外，形式上也和游戏一样，会在幻灭期中逐渐支持多种平台，并在启蒙活动期后开始将含 8K 画质视频传输等附加价值服务在内的全部细分化。这些会随着 5G 基础设施的普及逐步发展，因此，必须要看准 2023 年前后的变化时间点，同时寻找入场时机，在 2021 年下半年 ~2022 年上半年可以看出一些端倪。

视频传输服务可能会受到来自外部环境的刺激，导致普及提前的正向压力，这种外部刺激有可能是显示设备对 8K 的支持。在使用电波的电视上播放 8K 视频，至少对于数字有线电视来说是相当先进的，只是目前来说还不支持，但是通过 IP（网络协议）传输 8K 视频已经在一步步准备当中了。事实上在 IBC 2019 上，通过 IP 的 8K 传输以超过我们预想的速度进行普及的事例在会场上随处可见。

### · 应该考虑协作的参与者

视频传输是平台运营商的存在感比游戏更高的一种行业，

因此，亚马逊金牌会员、网飞、HULU 这些付费传输运营商及 Youtube 等视频投稿网站，甚至民间电视台所组织的 SVOD 服务等都是视频传输的主要的参与者，也是应该联手的伙伴。

从用户体验来说，负责输出画面的电视厂商和能提升视听环境沉浸感的 VR 企业，都是在推进商业拓展时应该重点关注的参与者。同样的，声音的输出对提升高清晰、高品质的临场感也非常重要，因此推进商业拓展时目光也会聚集到音箱设备生产商及拥有音箱音质解决方案的参与者身上。

站在孕育全新的关联企业的视角上，拥有 Web 媒体、信息网站的应用软件和意见领袖营销方式的运营商也有一定的潜力。在全新的周边商业拓展上，与这些企业的协作也同样值得关注。

# 现场转播：迎合粉丝心理的交互式直播的兴起

## · 这是怎样的服务？

5G 时代的现场转播，通过因互联网普及而逐步实现的双向传输，实现了可以与目标艺人或运动选手构建更强的互动性的服务。

到目前为止，现场转播仍以从电视时代延续至今的视频内容为主。而且，电视上的体育转播是按照某个人的判断（一般是节目导演）来切换镜头，制作出像电视节目一样，观众只能观看某一方面的娱乐方法。而与之相对的是通过互联网的现场转播，这样一来，用户可以参与的范围就很广了。

比如棒球，电视上的标准构图是击球手和投手的对峙，一般都是从投手背后的视角看向击球手。但是，在投手紧张投球的关键时刻，观众也许更想从接球手的视角看投手的表情。或者对懂球的人来说，一边体会战术，一边观察在外野防守的选手微微改变防守位置的动作才是有意思的地方。为了满足用户的这种需求，现在不仅限于棒球，所有体育运动及演唱会的会场中都架设大量的摄像机，并时刻保持录制。但我们只能看到这么多镜头中的一个画面，所以我们应该摆脱导演的意向，从各个镜头所捕捉的画面中，根据情况选择自己想看的。

在 2018 年举办的平昌冬奥会的滑雪场与滑冰场上，英特尔公司使用了 VR 进行了转播，对可变视角的视频传输及平常看不到的自由视角画面进行了试播。除此之外，在韩国 2019 年 5G 商用开始时，通信运营商也开始了棒球的多视角画面传输。日本在 5G 普及后，这种用户可以自由选择视角的、具有临场感的现场转播会成为标准模式之一。

不过我觉得，稍微更近一步的话可以实现双向的用户体验。比如，心仪的选手跳到外野上演高难度的飞身接球，或者偶尔才能看到的职业高尔夫球手比赛中出现一杆进洞的这些瞬间，如果可以发送“好球”这样的消息，给一个“小红包”打赏的话，无论是比赛观战体验还是体育商业模式都会与现在不一样了吧。

艺人演唱会的现场转播也一样，既可以看到自己喜欢的艺人的高品质现场实况，又可以在自己看到兴起的时候，直接给艺人报酬（不仅是一般的视频传输版权费的再分配）。由此拓展的话，在有人数限制的互联网直播中，在主持人演奏间隙的讲话时间里通过 VR 技术自然且安全地直接对话，这样的互动直播也许会因为 5G 而出现。

### · 普及的主要原因

不仅是互动直播，所有现场转播的需求都在扩大，原因之一就是现场表演作为体育选手与艺人的变现手段的重要性在持续增加。

在音乐内容方面，正如大家知道的那样，以 CD 那种盒装媒体为中心的时代已经过去了，如今从音乐传输服务中获取的收益才是整个产业的支柱。然而，使用 Youtube 这种基于广告模式的免费传输服务的用户比使用付费传输服务的更多，与过去的盒装媒体相比，获取利益的机会与平均收益规模都在变小。作为既能够承受这种收益结构的改变，又能提高艺人和观众双方满意度的方法，包含大型音乐节在内的演唱会及现场演出的重要性将会不断升高。对于艺人来说，由于可以直接面对粉丝，所以能享受到与用户轻松进行互动的好处。

但是，对于举办现场演出来说，演出现场的场馆设施才是最难突破的瓶颈。为了让更多的观众前来，演出现场必须具备便捷的地理位置及高容纳能力，但是这种场所的费用太高，活动举办者之间的竞争又激烈。特别是最近几年的现场演出，慢慢出现城市中心区域场馆不足的情况。出于填补不足的简单动机，互联网上的现场转播重新受到了关注。

通过虚拟会场这样的全新体验，人们开始期待有别于现场观看演出的用户体验，即可以足不出户就能观看现场演出，或者是可以通过制作单位的多台摄像机的各种视角享受在会场无法体验到的观感。因此，除了现场演出活动的二次收入外，很多商家还特别期待催生出全新附加价值的事业机会。

体育运动也一样，通过转播观看现场的需求随着竞技种类的多样化与观战方式的高度化有潜在的扩大倾向。特别是由于职业体育随着近些年来竞技本身的高度化和专业化，搭配解说观看能更容易理解（有些项目没有解说完全看不懂）的情况正在不断增加。正因如此，即使是在竞技场馆内观战，也是结合着辅助解说或现场情况解说来观看更加令人享受。

这种对现场转播的双向性需求在今后会不断提高并扩大。虽然现在能实现简单的镜头切换，但是今后有可能实现期待中的与艺人或选手的交流这种更复杂的交互。

在这种交互中，可信赖的网络是必需的。首先，为了传输高品质的现场画面，十分需要 5G 超高速、低延迟的特性。然后，在提供具有更好的双向性的附加功能时，必须要有支付系统及本人认证的 5G 通信运营商所擅长的平台功能，而且也要有能保护知识产权的体系。整合好这一切后，就会首次推进现场转播的升级。

### · 适合什么样的企业？

在体育赛事及音乐会中，举办活动的主办方与艺人或选手所属的经纪公司不仅承担着策划、运营的任务，还负责相关人员之间的利益分配及权利保障。考虑到现场直播是先有现场，而直播其实是二次利用，因此主办方及经纪公司就必须先处理好这些业务。

双向服务本身是一直以来就存在的，但决定成败的关键是能提供双向交流的必然性与认同感。因此，除了具备画面、声音等技术外，能够适时促进交流的、面向互动传输的演出技术也十分重要。这方面的知识经验已经在偶像达人的互动直播网站的运营中开始积累，而这种功能和职责在今后将会变得更加重要。

### · 准备时机

现场转播同样也是渡过 5G 幻灭期的强力服务。在率先开始商用服务的韩国，现场转播于 5G 普及初期时被定位为最值得期待的服务，毫无疑问这也是在 NSA 组网时代传播 5G 魅力的方式之一。因此，其入场时机和视频传输及游戏传输一样已经开始了。

但是到幻灭期时，5G 基础设施尚未充分普及，可能使用会有所限制。而要培养用户的认同感则必须积累一定程度的经验，可能的话，最好的方式还是从 4G 仍是主流的时期就开始提供相似的服务，然后逐渐推进转变。

### · 应该探讨协作的参与者

现场直播的高度化中常见的问题就是演出场馆的设备，当然，用作场地的舞台或音乐厅只考虑了传统的单向转播，所以导致的现状就是，高级别的现场直播很吃力。

因此，除了需要演出场馆方面的协助，与承担临时入场器材的开发、安装及使用等工作的公司之间的协作也必不可少。在日本，对于直接将现金给艺人与体育选手这件事，由于涉及对孩子教育的担忧，所以在一定程度上人们对此存在抵触情绪。另外，在电子竞技相关领域中，已经开始对合适的、不会诱发相关人员赌博行为的奖金额度进行讨论。在这种情况下，广告这种既古老又新鲜的方法就成了间接的打赏方式。这样的话，营销推广（尤其是通过广告的）这种方法也会有效。

## 电视信号再传输：开启真正的“IP 同步再传输”

### · 这是怎样的一种服务？

对 5G 带来的视频传输的升级还有一种设想的形态是电视信号二次传输。除 4K、8K 播放这种高附加价值服务外，还可以将目前简单的数字有线电视信号进行二次传输。

目前，数字有线电视使用的是分配给广电事业的频率波段，通过电波进行传输，也有一部分通过 CATV 进行二次传输。无论是信号发送机还是接收机（家庭中的电视），都是为电视播放服务专门优化的系统。

不过，如今移动网络与互联网上的视频传输非常繁荣，至少传输视频的技术即使在不是为电视优化的系统中也可以实现。而现实当中，在发生灾害时通过视频传输网站观看电视新闻节目的人也不少。

基于这些想法而展开的对策便是电视节目的 IP 同步再传输。前些年一直围绕着 NHK 自身定位问题不断讨论，讨论结果就是要从 2019 年开始逐渐实现同步传输。预计由 NHK 率先开始，今后民营电视台也会跟进，2020 年之后通过互联网观看电视的方式将逐步普及开来。

电视节目的 IP 同步再传输原本是与 5G 无关的方案，但现在逐渐关系到了 5G，同时非常期待 5G 能在目前还没有铺设光纤宽带线路的地区普及，并成为替代陈旧的 CATV 的方法。

将来在进行 4K、8K 等超高清晰度的影像播放时，分配给电视的频段是不够用的。因此，4K、8K 本身就不是能用电波传输的，而 5G 超高速及多点同时连接的技术特点就可以解决这一问题。

### · 普及的主要原因

电视传播系统（信号机或信号塔）是几乎无法用于他途的电视专用设备。所以，对其进行安装和使用所产生的成本都需要由电视行业承担。在高经济成长期中，电视在信息媒体中占据绝对的地位，几乎没有什么难题需要考虑。但人口减少的时代已经到来，如今除电视外，还有各种各样的信息媒体存在，我们再也无法像过去那样赞颂电视产业的成长了。正因如此，总务省的委员会已对地区电视台的财政问题进行讨论了。

电视的价值与源泉无疑是播放的节目，既然如此，就不要再固守于专用设备，采用移动网络及互联网的通用设备，即让电视广播成为一款应用软件能够合理地减轻设备投资与使用成本。这种为了维持电视产业而被迫做出的顾头不顾尾的决策，估计会产生巨大的影响。

但是，若是各个电视台分别推进 IP 同步再传输的话，将会与围绕着传统的“遥控器与频道”的用户体验产生巨大差别。虽然目前 TVer 并没有通过 IP 同步再传输而是通过电视台节目的免费视频传输服务提升了存在感，但这种复合型平台要有更大的发展才能让用户接受。

而且，并不是说 5G 普及开来就会使全日本的电视信号传输完全切换为5G。在用户较多的城市范围内，显然继续使用信号机或信号塔传输更加地经济高效。而通过5G进行电视节目的IP同步再传输，倒是能够实际解决地方电视台所面对的设备投资问题。

### · 适合什么样的企业？

由于是电视节目的二次传输，当然是要由现有的电视台负责。但是，出于对前文中提到的那种复合型平台的期待，与之相关的运营商也担负着一部分责任。如果是TVer的话，除了在东京、大阪的龙头民营电视台总台外，电通与博报堂这种广告代理商也能成为相关利益人，将来有可能正式地与NHK合并。

### · 准备时机

电视节目的二次传输自2019年开始将现有的互联网环境作为目标，因此入场时机已经开始了。但是作为有别于5G的对策，相关各方正在进行协商，眼下只是一个小起步而已。

与5G有直接关系的电视二次传输将在2023年引发关注，那正是5G的启蒙活动期开始的时候，也是使用SA组网的真正的 5G 环境开始普及的时候。与此同时，正是电视台再次取得执照的年份（有效期为 5 年）。到 2028 年时，对于继续目前的播放产业体制，我们还是能看到真正的 5G 环境的普及让全新运营商的加入出现巨大分歧。

### · 应该探讨协作的参与者

地区电视台可能会迎来全新的事业机会。IP 同步广播服务商 Radiko 就是这样的，它可以让用户通过智能手机观看全日本的地区电视台播放的节目。假如将地区播放的节目扩散到全国，那么在节目中插入“可寻址电视广告”的方法是不是就会普及开来呢。

可寻址电视广告指的是，将针对用户行为做优化的互联网广告的方法引进视频传输与电视节目中。如果不用这种方法，在北海道收看山阴地区的电视台制作的节目，就有可能会看到节目中面向山阴地区的电视广告。虽然别有一番感受，但从生意的角度来看，应该是播放面向北海道用户的广告才对吧。而通过可寻址广告，就可以播放基于用户的地区的某些特别的广告。

目前，关于可寻址电视广告的各种探讨正在进行中，但目前积攒了许多诸如能否与电视广告一样实现同步且可控的传输、能否播放真正符合用户需求的广告等问题。因此，在拓展事业机会时，必须同时与以广告代理商为代表的拥有传输技术的企业，以及以分析用户属性及行为的 DMP 为代表的互联网广告运营商进行协作，并与掌握视频传输技术的公司合作开发技术和产品。

# 游戏化：运用各种数据将购物娱乐化

## · 这是怎样的一种服务？

5G 从幻灭期进入启蒙活动期时，将逐渐普及可以连通室内外的服务。虽然幻灭期的 5G 有游戏与视频传输这类注重室内的应用支撑，但到了启蒙活动期时需要通过将由此衍生的用户体验带到室外来激发在室外的需求。到那时，就会产生一种新的促进用户调整行为的手段——游戏化，这是一种利用游戏的乐趣给日常生活带来变化的服务形式。

像游戏这种用户体验的普及，已经在各种生活场景中开始应用了。例如，人寿保险公司的第一生命保险为了促进加入者改善健康情况，提供了一款叫作“健康第一”的按步数发放积分兑换礼品的应用软件。这不只是单纯为了用户而采取的措施，而是通过提高加入者的健康意识，减少支出不必要的保险费，最终提高人寿保险这款产品的业务收益。

对日常生活的小功能游戏化、娱乐化的做法，随着智能手机的普及得到了很多关注，而随着玩游戏的人越来越多，预计这些小功能还会进一步增加。

日常生活中的购物也是被期待实现游戏化的场景之一。大型超市、小型超市、便利店、邮购和网购等，我们的购物渠道不断多样化。在大城市，这些形式比较齐全，但在地方能同时拥有其中两三种的都比较少见。我们日常生活中要购买的非常重要的牛奶、鸡蛋以及生鲜食品，应该不需要这么多的渠道。另外，经销商之间的过度竞争会导致库存积压，结果就是卖不掉而把食物浪费掉，然后反过来又造成了缺货的情况，这在近几年已经成了一个社会性问题。

另外，也有因为不想提着很重的东西走路，所以宁愿多花一点钱在附近的便利店购买或是网购的情况。反过来也有想去隔壁区市换换心情顺便买东西的情况。购物这种行为并不只是决定购买某种商品而已，也会受其他各种因素影响。这样的需求使商家的预测变得困难，而且不仅对业务甚至可能会使社会的整体效率下降。

因此，要促进既能给予用户关注，又能减轻商家与社会的整体负荷的消费行为，其中一个方法就是“购物游戏化”。比方说自己喜欢的牌子的牛奶在车站旁的超市有很多库存，而在家附近的便利店中却马上要卖断货了。提前知道这一点后，只要能让用户接受，就可以促成“在车站旁的超市购买可以给3倍积分”这样的活动。除此之外，还可以在停车场及自行车放置场停满的时候，推出“步行来的人或坐别人车一起来的人可以免费赠送一杯咖啡”这样的优惠活动。

只是这样的话，也许有人会觉得“这也不用5G了吧”，但是要实现这样的服务，就需要对店铺的库存或道路拥挤状况等情况进行实时监测，以及正确掌握用户的意愿与动态。对于前者来说，必须有大量的IoT设备及摄像头，而对后者来说（基于用户同意），则需要能够经常捕捉用户需求的机制。这样一来，追求的还是那种布满传感器的智慧城市的状态。因此，无论哪种情况，都对5G的登场充满了期待。

## · 普及的主要原因

也许大家听到让购物游戏化会觉得很新鲜，但已经有初步的用户体验了。

原本通过购物积攒积分的行为本身就有一点游戏的感觉。比起拼了命就只集 1 分，更多的人还是享受那种有就有、没有就没有、或者很容易就得到积分的轻松感觉。日本与其他国家相比，可以说是积分经济的大国了，这种与用户之间的关系构建比海外要活跃得多。

这些为购物游戏化做出贡献的应用软件中有一个很重要的类别，就是位置信息游戏。其中比较有代表性的应用软件是精灵宝可梦 GO。现在城市里随处可见为了捕捉饲养宝可梦而一直拿着智能手机的用户聚集在一起的身影，另外有着相似构想的游戏及上文中提到的走路应用都很火爆。如果以购物为代表的生活场景的游戏化，是建立在这种已经存在的用户体验的延长线上，那么是没有什么普及难度的。按照上面这些例子的体验，即使不用过多解释，我们也能很直观地感受到。

同时，为了更为广泛地利用这些服务，推进 5G 普及势在必行。比如在超市或便利店，为了掌握顾客数量还有商家的库存情况，就必须使用 5G 的实时信息管理系统。因为生活场景不仅局限于室内，还包括室外，所以要求 5G 的普及能推广到整个生活空间。

另外，在购物时，不仅是管理一个店的信息，还需要对社区（生活圈）整体，甚至更广的供应链的信息进行共享。而大部分的用户，不会只在特定的商家类别中生活，因此必须要能满足比突破商家之间的围栏进行共享的难度还要高的要求。

### · 适合什么样的企业？

游戏化是将过去仅限于网络空间的游戏乐趣，放到真实空间中展开并影响甚至改变用户的行为。因此，处于真实空间这一侧的商家就变成了重要的参与者。符合要求的包括超市、便利店、咖啡店、饭店等拥有店铺并面向最终消费者提供服务的全体商家。

网络空间方面的参与者承担了为游戏化提供引擎的职责，而乐天及雅虎等在互联网上运营商城的电子商务运营商与承担物品买卖的煤炉（Mercari）等 C2C 运营商就具有一定的潜力。实际上，亚马逊正在美国运营的将非现金购物概念化的零售店 Amazon GO 就是遵循这种趋势的产物。

从以信息推介促进人们行为变革的角度来说，CyberAgent

互联网广告与信息媒体一体化的运营商与 Gurunavi 或饮食日志那种连接餐馆与用户的运营商也有加入的可能。

### ・准备时机

游戏化本身就是已经在 4G/LTE 的环境下开始提供的服务形态了。那么要想成功地游戏化，就要明白用户的理解和共鸣是必不可少的。因此，尤其是服务提供者（尤指直接相关的影响较大的商家）的入场时机其实已经开始了，到启蒙活动期前的 3~4 年间，作为强化发展的时间段，必须努力推进商业拓展。

另一方面，游戏化的高度发展离不开对供应链整体数据的灵活利用。现在政府在推进这些促进数据（特别是产业数据）交易的方案。这意味着幻灭期后期的 2021—2022 年是发生巨大变革的时期，入场机会可能会一下子多起来。

在灵活利用数据的同时，必须要提高对数据隐私的关注。日本的个人信息保护法自 2017 年开始实施改正法以来，形成了大概每 3 年修正一次的周期，最近的修正在 2020 年进行。从这个角度来看，2021—2022 年可能会迎来转折点。

### · 应该考虑协作的参与者

作为为城市中的生活功能提供支持的运营商，金融机构（结算）、交通机构（出行）、报道机构（信息媒体）等，也就是那些承担着基础设施功能的机构，它们存在的意义是提高城市生活的自由度及便利性，在实现游戏化的过程中，应该考虑将他们视为合作伙伴。

由于游戏化也能左右人的流动性，因此根据情况变化还能改变土地价值。而且通过游戏化，人们从面朝大街的黄金地段转向特色店铺林立的后街，后街的价值就会上涨。所以，这种连锁效应也会影响到不动产行业。

另外，广告产业也瞄准了游戏化。或者说，广告产业在这样的趋势下，也会被迫做出巨大的变革。一直以来，承担引导用户行为职责的是电视等媒体广告。近年来，互联网开始承担起这一部分的功能，不论哪种“广告”都担负着鼓励用户的职责。

但是，购物游戏化这样的功能，只依靠广告是很难实现的，应该在整个供应链管理及市场营销活动中将用户纳入其中，而不是只由特定的运营商去应对，必须要从更广的视角上进行优化。因此，最终会对现有的广告产业及以此获取利益的电视或新闻等广告媒体造成很大影响。

# 智慧城市：通过 5G 开展真正的公共活动优化

## · 这是怎样的一种服务？

在 5G 的启蒙活动期后有一个引人关注的应用案例是智慧城市。目的是通过将除了人类以外的各种信息数据化、网络化，优化城市整体效率的同时，也对城市中的生活者赋予新的价值。

一直以来，我们期待的智慧城市的好处是提升能源使用效率，即节约能源。早在正式讨论 5G 之前就有智慧城市的概念了，其核心就是节约能源。

例如，接受邻居的太阳能电池板的电力在社区区块（居住的区域及整栋公寓等最小的集体生活空间）中的能源合理灵活利用，还有在城市中循环利用垃圾焚烧厂产生的热量进行废热发电等将时刻变化的用户需求和供给主导型经济的情况进行最佳适配的做法，而且这种服务已经以地区电力公司的形式实现了。

当配备上 5G 的通信环境时，可以让这种需求更加弹性地变化。比方说，因为延长 30 分钟等待浴缸出热水的时间，让地区整体的能源消耗变得更加稳定且没有电力浪费，所以奖励等待的人 100 点积分。对这种被称为需求响应的想法，希望它能变得更加动态化，更能成为让用户的行为发生变化的服务。

5G 时代的智慧城市当然不会只停留在能源领域。假如你在距离目的地两站的公交站下车这件事能够使公交车的运转效率最佳化，那就可以给你送上便利店咖啡优惠券作为礼物，以此推动城市出行的最佳化。商家还可以提出对于像餐馆、咖啡店或者诊所那些容易因为供给能力出现瓶颈而陷入窘迫的服务的均等化方案。

而且，一个地区居住的居民是该地区的原动力。从地区活跃化的角度来说，尽可能地保障居民的健康很值得关注。不只是单纯地改进能源利用与出行，为了改善每个居民的健康，通过给出行时采用步行方式的人积分的方法，还能创造出提高社会保障效率的智慧城市。

像这样，在 5G 的启蒙活动期中的智慧城市，并非基于定点静止观测的数据而被动地提升效率，而是使用户的需求动态化，不必让用户让步就可以在提高满足度的同时提升整体效率，从而实现动态的优化。

## · 普及的主要原因

全世界都在为实现智慧城市而努力，但各国追求的目的却各不相同。大部分情况下是希望改善能源利用率与出行的效率，但在日本，除此之外还有应对少子老龄化这个重要问题。

城市功能中，特别是与生活基础设施有关的东西在原则上都是以共用为前提的，通信基础设施也是如此。此外，与之相关的还有电力、天然气、自来水等。比较合理的思维方式是，对不会时刻使用的东西，应该减少储备量，没有必要在 1 万人口的城市中准备 1 万辆救护车。

但问题是这 1 万人的内部构成，如果是在以平均年龄较低的年轻人为中心的城市，本身需要救护车照顾的机会就少，轻度发病或难受的话也可以自行前往医院。但要是在以老年人为中心的城市里，救护车的出动机会就会增多。我曾听多位相关人士说，几乎在每个周一的上午，城市地区的救护车及医院的急救窗口都会非常忙碌。

日本已经整体迎来了人口的出峰期，正面临着随老龄化带来的人口减少的问题。老年人增多，中坚力量就会减少。

在这样的情况下，如果想和现在一样维护生活的基础设施，那平均到每个人的负担就会大大增加。如果在完全不变的社会保障体系下，当前劳动人口的负担持续加重的话，承担者与被承担者之间的差距会越来越大，到时候就会反复出现无法忍受的劳动者开始流失并且放弃生育后代（即少子化）的情况。因此，要解决这个问题，也需要智慧城市。

从技术方面考虑，要实现智慧城市，不可或缺的是传感器及摄像头等 IoT 设备的普及。为了普及这类技术，除了要提升传感器的数据收集能力，还需要具备能够辨别必要与非必要数据的识别能力，以及注意正确处理必要数据的安全问题和非必要数据的隐私问题。除了满足这些外，还需要足够低廉的成本才能普及。

4G/LTE 时代的基站是通过增加基站数量这种比较简单

的方法来解决能力上限的问题。这是由于连接终端的用户是作为高附加价值（钱包里有钱）而存在的人，因此可以通过将所需成本转嫁到通信资费的方法来实现。5G 特点之一的多点同时连接就是旨在改变这种情况的一项技术。

与过去相比，通过增加每个基站的可连接数量，就能够连接比现在更多的终端，并以此降低容纳终端的成本。最终，由于 IoT 设备正好能够散布式架设，所以可能会出现将通过这些“设备群”整体收集的大数据作为原始资本的商业模式。

像这样，通过技术条件升级，不只是削减了成本，还改变了成本结构，因此 5G 环境就能够为 IoT 设备的普及撑腰。这种结构转换实现时，收益单位将从 4G/LTE 时代的签约用户（每个人），转变为社区及城市整体，可以说这就是 5G 服务的特点。

渡过幻灭期的 5G 将在室内外的任何空间中正式推广，特别是正式进入启蒙活动期的 5G 环境不再是依赖 4G/LTE 的 NSA 组网，而会以 SA 组网为中心让 5G 的特点遍布每个角落。

以 SA 组网为中心的 5G 环境，基站无论是在室内还是室外，都会按紧密分布的状态进行建设，并连接到高性能的网络。而且这与传统的公共 Wi-Fi 不同，它可以实现对 IoT 设备等终端（通过通信运营商）的明确认证。反过来说，如果无法普及 SA 组网的 5G，那不仅是成本结构，从安全性等社会信赖的角度来说，也很难实现真正的智慧城市。

### · 适合什么样的企业?

在智慧城市的推进过程中，首长及地方自治体的行政政策是不可或缺的。5G 是构建智慧城市的重要因素，为了最大限度地发挥潜力，有必要对道路规划更正、交通方式配置优化、公共设施重新分配等公共财产的处置进行重新审视。

因此，必须以政治性策略达成共识为基础，也必须给对其造成不便的对象以支援。也许对于推进智慧城市的发展来说，日本必须对统治机构的现有状态和构造进行改革。

与生活基础设施的维护直接有关的产业对智慧城市的参与和规划非常令人期待。能源、出行、自来水、通信、土木（道路、河流）、医疗及健康看护等方面，必须从现在开始升级应对方案。

提供软件解决方案的公司也是必要的存在。由于城市是一个广阔复杂、追求与日俱进及持续成长的“系统”，从维持项目的角度来看，能与之适配的软件难度会很高。

谷歌公司的母公司 Alphabet 旗下的“Sidewalk Labs”

在加拿大多伦多开展的项目中，展示出了一幅包含 2030 年实现完全自动驾驶、2040 年要达到的经济效果的蓝图。

NTT 集团在美国拉斯维加斯推进的方案，也是采用了较为谨慎的逐步扩大功能的方式。这种具备包括推进长期项目所需的专业知识在内的、能够持续稳步行动的自身能力是必不可少的。

### · 准备时机

针对智慧城市要做的事其实和 5G 没有关系，且目前正在进行当中。如前文所述，在传统的 4G/LTE 环境中，我们迟迟无法平衡成本，这是因为目前 IoT 设备使用较多的 LPWA（使用 LTE 及 Wi-Fi 的低功耗广域通信）所能处理的数据量较小。当数据流量较小的时候还可以用，但如果要处理更丰富的信息，就必须要有 SA 组网的真正的 5G。

反之，对智慧城市的需求也会成为推动 SA 组网的 5G 环境普及的动力来源。城市方面的需求越迫切，对 5G 的需求就越强烈。因此，从开始讨论普及 SA 组网的幻灭期后期开始，基于 5G 的智慧城市将会成为大家关注的焦点。

### · 应该探讨协作的参与者

智慧城市背景之一的人口构成变化，已经在行政功能达到极限的情况下，以城市功能降低的形式显现出来。为了解决这个问题，正在探讨以民间力量代替行政功能。而在这种公设民营的方式中，民间责任者企业（亦称公共私人伙伴，即公民协作的受委托方及整个城市的开发者）作为协作方是非常重要的。

另外，在推进智慧城市计划的过程中，除了对生活基础设施不断优化的期待外，对日常生活的改善及优化的期待也会越来越大。例如餐馆与咖啡店，或者健身俱乐部和桑拿温泉等处于需求瓶颈的商业项目，可以说与智慧城市非常契合。

# 智能住宅：进化成为涉及看护需求的“安心中心”

## · 这是怎样的一种服务？

5G 不只是移动网络的通信基础设施。正如我们从视频传输服务与游戏中了解的那样，通过在家和在公司的应用实例可知，5G 还具备在室内与室外间无障碍穿越的价值。

智能住宅是令人期待的 5G 室内服务之一，即通过支持连接的家电产品与服务提升生活的便利性。这类服务的雏形是于 2019 年 CES 上发布的整合了亚马逊提供的 Dash 按钮的 LG 电冰箱，其机制是通过冰箱门上的液晶面板显示的 Dash

按钮，足不出户就可以下单购买牛奶和黄油。虽然在某种意义上，这是任何人都能想到的很初级的方式，但智慧住宅将会以这样的形式逐渐商用化。

像亚马逊与冰箱结合的形式，今后还会扩展到电视、微波炉、电灯等更多的分支。通过将这样的设备连接到网络，将住宅内各种不同的行为数字化，就可以让居民的生活状态实现可视化。

假如能搞清楚冰箱通常会在几点钟空置多久、购买牛奶的时间通常是在几点等问题，就能逐渐清楚这家人喝牛奶的时间段或其他相关的事情。将这些直接与商业挂钩，就变成了以推荐与订阅为轴心的互联网购物。亚马逊瞄准的就是这个。

这些行为记录将会雕刻出某个人的日常生活——早餐的用餐时间是几点、会喝咖啡还是橙汁、之后什么时候刷牙、穿衣打扮要打开哪个房间的灯、什么时候关灯等这些生活习惯在平日里基本不会有大的变动。

如果长期地记录这种行为习惯，就可以与“这一天应该是这样行动的”之类的预测进行关联。这样的话，就不只是产生购物这种事业机会了，还能监测到生活者的异常情况。

平日里一定会起床的时间却没有起床，也许不是单纯的赖床。起床后虽然吃了早饭，但没有喝饮料，并且既没有刷牙也没有穿衣打扮……这种异常情况的叠加触发传感器及摄像头运转后，就能发现不知何故倒在餐桌附近一动不动的居住者了，说白了就是可以检测出因为身体不适而倒地的情况。如果已经处于无法自行呼叫救护车的状态，就可以寄希望于自动报警功能。另外，假如救护车全部外出了，还能采取与附近的人或出租车取得紧急联系等更有效率的方式。这种综合判断会由使用了传感器与 AI 的智能住宅自动进行。

### · 普及的主要原因

生活动态可视化作为需求而展现出来的最大根源就是少子老龄化。虽然节约能源很重要，但用户对自身生命危机感的直接诉求会更加强烈。

如第二章中提到的，在 5G 普及的 2025 年前后的日本，团块世代的所有人都将超过 75 岁，总人口中每 3 个人就有 1 人为 65 岁以上的老年人，同时还介绍了 65 岁以上的人口中，每 5 人就有 1 人患有不同程度的认知障碍的预测。

这不是简单的数字问题，要让整个社会接纳这些人，就必须给需要照顾的人提供与目前相同的家庭生活。与目前相同指的是，没有孩子或伴侣等照料者或看护人的单身生活。

今后公共服务的供给能力也会无法避免地下降，不仅税收不足、中坚力量不足，而且社会整体对紧急状况的应对能力也将接近上限。令人遗憾的是，如果考虑到单身人士的增加，“出现异常的话有家人报警”这种传统社会系统不复存在的可能性会非常大。

那时，通过 5G 进行连接的智能住宅将不仅能保证居住者的安全与安心，在控制整个社区的成本方面，也能发挥同等或更佳的社会功能。可以说如果不以这样的社会状态作为目标的话，将来也许就无法维持与目前相同的生活水平了。

基于对生活动态可视化的基础技术的储备，在进化出更高级功能服务的过程中，必须要配备 5G 网络及扩充可连接的家电产品，以及普及传感器和摄像头。积攒了足够多的数据后，就要对这些大数据进行正确的分析，同时需要方便进行还原的 AI 系统。而且由于屋内的一切都会暴露，更要看重能否尽可能地减少对隐私的影响。所以，应该建立了满足这些条件的计划后再开始普及。

### · 面向哪些企业？

既然称为“智能住宅”，那追求的自然是住宅的智能化，但住宅内的设备不是那么简单就能替代的。所以，建造住宅的建筑商或公寓开发商、工务店等将承担很大的责任。

不过，住宅的生命周期与技术的进化是完全不同的。因此，即使建成的住宅会一直追赶技术的脚步，但使用起来也要毫无违和感。所以，家电厂商的应对办法及电气设备构件，如照明设备、开关、插座的 IoT 化会很受期待。另外，估计宜家或似鸟这种家具综合商场也将成为这些构件的开发和供给商。

在服务方面，到目前为止一直是由安保公司承担保证家庭内部安全的业务。目前已经有西科姆和综合警备保障公司这类安保公司开始推进面向 5G 时代的研发工作了，今后可能会成为中坚力量。特别是日本的安保公司，由于是随着银行 ATM 等功能的普及而共同发展的，因此它还具有安保自动化的特点。在社会因老龄化而对安全、安心的需求不断提高的过程中，安保行业是一个很容易出现中坚力量持续不足的行业，因此它和 5G 是非常匹配的。

即便是没有和安保公司签约的需求，也还是希望 5G 可以在需要帮助的紧要关头发挥作用。例如已经出现的可以委托定时巡回的邮递员或快递员确认家中安全的服务，还可以在着急去医院，但还不至于叫救护车的时候，自动分配附近的出租车。

### · 准备时机

直接关系到日常生活中安心、安全的服务的效率正在明显降低，也催生出了对今后能否继续维持这些服务的担忧。因此，已经出现普及智能住宅的需求了。

但是，在都市中的住宅基本上都是封闭的空间，是否透露家庭隐私、是否邀请外部参与以及如何守护隐私这些问题必须由用户来控制。用户对这些与隐私有关的技术会严格评判，因为用户虽然明白其必要性，但无法轻易接纳。可以预料，这种情况将会一直持续。

当与家有关的问题作为社会问题被正式提起并对解决方案达成共识时，才是需求显现的转折点。在日本社会中，预计老龄化与认知障碍进一步扩大的 2025 年会出现一个重大的机遇。2025 年对 5G 环境来说也是一个理想的时机，因为幻灭期结束后的 SA 组网走上正轨，社会开始整体进入 5G 渗透的时期，智能住宅中使用 5G 的想法也将在这个时间节点作为非常自然的东西被接纳。

规范数据隐私处理的个人信息保护法预计会在 2025 年进一步修正。也许到那时，对于那些进行了充分的事前验证，在用户理解内容的基础上得到用户明确同意的服务，将会敞开一扇比过去更积极的大门。

### · 应该探讨协作的参与者

智能住宅带来的好处，不仅能提高每个人的生活品质，还有希望为降低社会整体成本、提高效率做出贡献。如果从社会整体的角度来考虑的话，商业模式是一个问题。在直接受益者担负（只由服务使用者担负）的体系中，服务费用恐怕不会减少，而且会延误普及的进度，并使好处出现偏向，也就是人们为安全、安心付越多的钱越能得到更多好处，这就偏离了原本的目的。

所以，将智能住宅定位成一种社会系统，花费由所有的事主承担，给提供便利的人构建类似利益分配的运用机制是最为主要的问题。也许将这些纳入地区保障制度也是一种办法。

这样一来，发展的最初成本可能会上升，但如果能带动社会整体提升效率的话，就有希望在发展的中长期时控制住成本。如此一来，这就不再是民间事业而是公共事业了，必须将地方自治体与国家政策都拉进来一起做决策。

# 智能工厂：减少“临时停摆、长期停摆”的救世主

## · 这是怎样的一种服务？

有希望适用于各种工厂的生产现场的是智能工厂（工厂的数字化转型）。虽然最早的设想是将5G用于提高工厂内的工作效率，但将来不单是提升效率，由于室内外之间不再有阻隔，所以在提升附加价值和优化业务方面非常令人期待。

工厂中有各种各样的生产设备，将这些设备生产出的部件组装起来就变成了产品。将每一部生产设备的独立流程组合起来的方法，叫作流水线生产方式。而将工厂空间按照不

同功能进行区分的生产形式，就叫作细胞生产方式。大体上就是前者面向大量高速生产，后者则面向处理复杂产品的中规模生产。在制造业提高发展的最近几年中，后面这种方式已逐渐普及开来。

由于流水线生产方式是以大量高速生产为目的，所以流水线必须持续保持运转，工厂准备多条制作相同产品的流水线，兼具运转能力最大化和进行备份的作用。对于追求稳定开展大量生产的厂家，一旦出现生产设备因故停止而导致产能降低的话，就会对整体业务造成很大的影响。

而细胞生产方式可以进行更高级的制造，与之相伴的是更多的精密生产设备。一般的精密设备大都非常脆弱，稳定的运转直接关系到生产力的提升。

这些生产设备的停工被称为临时停摆或长期停摆。如字面意思，临时停摆就是临时停止运转，长期停摆就是长期停止运转。前者因为达不到期待的运转效率，从而影响了生产能力，后者最差的情况就是相应的流水线完全停止。不仅是生产量，而且零部件的库存及调配都会受到影响。因此工厂的策略是，一旦发生临时停摆的情况，就要立刻查明原因，防止变成长期停摆，这是改进现场的基本原则。

面对高度化的生产设备，对于临时停摆与长期停摆的先兆、细微的震动及温度的变化、容易漏过的异响等，凭人类的感觉是很难掌握的。所以，原本为了合理化与高度化才引进的生产设备，却需要人们 24 小时持续盯着监控，就不合理了。

因此，需要对人类无法感知的细微的异常进行精确监控，以及通过 AI 预测临时停摆、长期停摆的征兆。日本的生产现场非常讲究改进，让生产设备稳定运转的预防性方法将会成为推进智能工厂极大的原动力。

### · 普及的主要原因

如果发生临时停摆或者长期停摆，由于无法生产产品导致产量减少或停产，不仅会损失时间，还会产生设备修理、原材料变质、停工职员的薪水甚至复工后重建供应链等成本。另外，如果是处在一个与竞争对手之间需要争夺原材料的成熟市场，还会对调配能力产生影响。这种供应链的无效化，以及因生产设备休眠导致的从折旧角度来看被视为不良资产的话，都会影响整个企业的经营。因此，各工厂非常需要能够抑制临时停摆和长期停摆的系统，目前结合提升生产效率的诉求，正在尝试各种方案。

目前，已经有几个解决方案实现了产品化，NTTDocomo从2019年4月开始提供“docomoIoT生产流水线分析”的服务。但是，在4G/LTE环境下，无法从精密的连续监测中查出细小变化所需的低延迟性能，在为了提高测量准确性而使用大量传感器时，也难以让传感器群达到同步。总之，还是没有控制好使用大量传感器的成本。因此，还是需要在5G环境下的智能工厂。

特别是考虑到延迟与成本，相比于继承了部分4G/LTE性能的NSA组网，通过能完全发挥5G性能的SA组网的5G环境能够实现更高精度的智能工厂。

## · 适合什么样的企业

被当作直接用户的，是拥有多部精密设备并用于生产的各厂商的整个生产现场。虽然不能说是全部，但绝大部分的精密设备都存在难以察觉临时停摆或长期停摆预兆的风险。当这种风险显现出来时，就是生产设备停止工作时，不仅会损失事业机会，还会产生各种成本。

生产设备的不稳定，是导致含损失机会在内的巨大潜在成本的主要原因，这意味着我们将有可能产生成本的推测值作为上限进行投资。实现智能工厂所需要的成本，如果低于没实现时的潜在成本的话，那么，仅产生的差值就已经是利润了。通过进行这样的比较分析，可以开始依次将预计通过智能工厂化获得的利润投入到生产现场中。

### · 准备时机

工厂智能化主要还是生产现场人手不足这一原因触发的。传统上依赖对现场无所不知的专家的技术知识，并通过延长聘用期等保持持续作业。但是到 2025 年，团块世代将全部达到 75 岁以上。

近年来，各经济产业省指出了“2025 年断崖”这个问题，警示了由于 IT 基础设施老化、停止支持及遗产系统的保障人员剧减等，许多生产活动将被迫停止。该部门的工作重点是促进 IT 系统的数字化转型，不过工厂自动化也一直在开展，所以生产现场面对的其实也是类似的情况。

如果2025年来到“悬崖”边的话，等待是解决不了问题的。必须从 5G 迎来启蒙活动期的 2023 年开始着手考虑将 SA 组网作为真正的智能工厂的必备条件。

关于智能工厂比较受期待的是由总务省设想的“5G 专网”

的办法，是一种将分配给 5G 的频率波段中的一部分划分给非移动通信运营商的方法。估计会涉及固定网络通信运营商、CATV 运营商、ISP 运营商、系统整合商及自治体等。

目前，针对 5G 的室内使用，正在探讨如何提供更加便捷、灵活的 5G 环境。

预计 5G 专网将从 2021 年开始逐渐正式化，如果终端和基站等设施能够准备完善的话，不必等到 2023 年就能提前开展与智能工厂相关的行动。

### · 应该探讨协作的参与者

智能工厂化对生产设备的厂家及设备供应商、维护保养商等商家来说有很多好处。即使是可以控制临时停摆和长期停摆，只要是设备就会对零部件产生消耗，因此必须要定期停产，进行检查维护。如果可以通过对其进行连续的监控，对何时停摆做出预测的话，就可以优化维护保养商的工作及零部件的库存管理，也能提高利润及降低现场负荷。

因此，不仅是传统上的设备销售或出租的商业模式，也可以研究一下将维护保养整合到一起的会费式。这种情况下由于整合了结算与保险等金融技术的业务，所以也可以争取银行或证券等行业的协作。

如果可以通过智能工厂提升生产设备的运转效率，也可以减少潜在的事业风险。但另一方面，剩下的生产活动的风险可能无法避免，当它显现出来时，可能会造成更大的危害。因此，越是深入开展智能工厂化，就越需要为局部配备损害保险。

# 智能供应链：为运输最佳化及提升品牌影响力贡献力量

## · 这是怎样的一种服务？

智能供应链是连接多个生产据点，优化生产时的流通及物流结构（供应链）的方法，是 5G 的启蒙活动期间备受期待的生产优化方法之一。

前面说的智能工厂的目的是对某个特定生产现场进行优化并提高效率，但制造业很多时候不会在单一工厂进行；多个生产据点所制作出的零部件，只有经过各种复杂的组装，才能成为最终产品。这时，需要在担负前后作业流程的生产据点之间交接零部件或材料，如果无法在合适的时间将零部件送达的话，就无法进入下一个生产步骤。

智能供应链除了对自己担负的生产工序负责，还可以在5G 环境下对上一步工序和下一步工序的详细情况进行感知，甚至可以对整个流程进行掌握及调整。如果对运输中的情况也可以感知的话，就可以在不着急的时候跑慢一点，提高运输安全性和运输品质并节约能源。尽可能地减少待机状态，有助于提升作业效率及改善环境，同时可以在发生交通拥堵或事故等运输问题时，立即对替代方案做出判断。在推进全球化的今天，对跨国供应链的构建和运用非常活跃，此时就非常需要可以监控零部件从生产到交货的过程，以避免混入次品和假货的相关应对办法。

目前，以牛肉这类高级生鲜食品为中心，已经采取了可以提高跟踪管理水平的方法。其意义是，通过构建能够安全提供高品质产品的信任感，提高产品的品牌价值。同时，由于本来就是附加价值很高的产品，所以完全可以负担跟踪管理的费用，而且可以期待进一步提高产品的价值。

随着国际竞争的愈发活跃，在制造业中也已经逐渐意识到品牌价值。即使是螺丝钉这样的小零部件，也可以凭借日本制造的名声，在可靠性上获得附加价值。要实现这些效能，必须让制造与物流双方是否正确地生产并运输了产品的过程可见，即物品的追踪管理。

这种物流的优化及品质管理也和智能工厂一样，要求高精度传感并基于此完成业务。正因如此，需要使全国范围内的高精度传感成为 5G 服务之一，如果是全球供应链的话，不仅是国内，还需要与海外的网络一体化。除了网络质量，还必须满足安全要求，而使用在 5G 环境中应用的网络切片功能，虚拟构建面向特定供应链的专用网络，就可以实现这种信赖。

### · 普及的主要原因

对供应链的要求标准正在日益升高，而受产品高度化影响产生的分工正在大幅推进。生产工艺的复杂化、因竞争激烈导致削减成本的压力日益加大等多种原因的综合作用，使得这种要求标准不断提高。

尤其是物流管理是供应链的重点，现实中除了取决于生产情况外，还取决于道路状况等多种因素。暂且不说事先将零部件采购入库的情况，在这种现状中，由于零部件的大小及特殊性，甚至因为在经营方针上原本就不允许有库存，所以就有了

“在指定时间准时交货，做不到的话就要支付罚金”这种合约条款。因此，我们时不时地能在供应链现场看到卡车以最快的速度在据点之间完成转移后在工厂的门前排起了长队，保持待机状态直到规定的入库时间。这既是原本就对生产与物流双方来说没必要的成本，而且直接关系到卡车驾驶员的劳务问题。要知道过度疲劳与中坚力量不足已经是社会性问题了，并且处于待机中的卡车排放的尾气对周边的环境也有影响。

这些供应链管理（以下简称 SCM）系统已经对此开发出了数种解决方案，大型系统供应商正在向全球提供相关产品。另外，在实现目标是 IoT 物流的省人工及标准化的“物流 4.0”的过程中，移动网络是必不可少的。但就目前来说，由于成本及精度的问题，只有在使用 Wi-Fi 的特定地点才能实现，而且在 4G/LTE 环境中，精度也十分有限。

提高 SCM 系统的精度，不单是在提高效率方面，在解决社会问题方面，也十分有必要。因此，与智能工厂要求的条件一致，智能供应链也要求有 5G 环境。特别是考虑到网络延迟与建设成本，更加需要能够完全发挥 5G 性能的 SA 组网环境。

## · 适合什么样的企业？

目前需要 SCM 的众多生产者，都是能成为直接用户的对象。除了制造业，生鲜及食品加工等也是非常需要 SCM 的行业。需要贯穿生产、运输、管理、消费等过程始终的，以及需要冷藏冷冻的冷链等这类特殊附加价值非常高的供应链的不只是食品，医药品等也同样需要。

此外，对物流及仓库运营这些支撑 SCM 的公司来说也有好处，特别是中坚力量慢性不足的物流行业十分需要依靠智能供应链来改善劳动环境，5G 服务可能会因此从已经推进的 SCM 系统的高度化向一般化转变。

## · 准备时机

对智能供应链来说，和智能工厂一样要承担起解决“2025 年断崖”问题的职责。因此，从 2025 年开始准备的话就有些迟了，必须从迎来启蒙活动期的 2023 年着手。但是供应链不仅包括室内，室外也是目标范围。因此，只依靠设想了室内使用情况的 5G 专网是很难实现的，必须将移动通信运营商开展的 5G 环境普及也纳入考虑范围。

致力于解决社会问题的企业有很强的能动性，可以根据情况一部分采用 4G/LTE 环境，另一部分采用 5G 环境，然后在据点内采用 5G 专网，按各种场景分别使用或混合使用。

### · 应该探讨协作的参与者

由于智能供应链就是将智能工厂作为链条连接起来，所以参与进来的合作方也有一部分是相似的。例如要想极大地改变库存管理的存在方式的话，各种财务报表上的评价方法也要随之改变，那就可以考虑开发与金融技术相结合的商业模式。因此也有可能与银行及证券公司、财产保险公司等展开合作。

由于供应链的高度化实现了可信赖，所以能够提升产品价值的方案也值得期待。但只是直接升级供应链的话是得不到价值认可的，也无法和收益挂钩。因此，必须像通过可信赖来提升产品价值的方式那样，与具备和品牌影响相关的技术知识的广告代理商及批发商、零售商展开合作。

# MaaS：大量与交通服务化相关的参与者

## · 这是怎样的一种服务？

在 5G 的普及中被寄予巨大期望的是与出行相关的服务。主要的背景因素是对自动驾驶相关研究开发的关注，特别是在日本伴随老龄化逐渐显现出来的汽车驾驶风险，以及越来越多的人认识到对以自动驾驶为代表的汽车升级来说，5G 通信技术是不可或缺的。

我也想早一点体验到自动驾驶。但是在 5G 时代恐怕无法实现我们梦想的那种完全自动驾驶。这不是通信方面的问题，而是因为自动驾驶的技术开发和重整，以及允许自动驾驶的道路等社会基础设施，相关法律制度及保险、保障等配备还完全没有跟上。在我看来，估计完全的自动驾驶最早也要到 2030 年代过半后，即最早在 6G 时代才能实现。

在 5G 时代，期待能与出行产生联动的是以社区为单位的人或物的移动优化。特别是最近被称为 MaaS 的概念广受关注，通过 5G 更加具体地提升普通车辆出行的价值。

目前，MaaS 中所设想的，是对电车、公交、出租车等公共交通机构的运行状况进行监控以及灵活运用，提升卡车同时配送的效率，扩大共享载具服务等。在实现这些的过程中，除了车辆本身的运行状况，也需要感知道路及城市整体的情况以对车辆进行调度。应该说无论哪一种状况都十分需要 5G 的普及，特别是对城市整体的感知，正好与上文中智慧城市的实现相互呼应。

另外，我认为无人机小型货品运输、调节及辅助监控交通、设计奖励促进步行或自行车等非机动车出行，以及通过游戏化提升利用率等，都将通过 5G 开花结果。而且无论哪一项技术，现在都有来自政府的支持，比如仅限在无人机特区内开发技术并检验用户接受度、步行城市（打造便于行走的城市）之类的形式。

在交通与城市设计的世界中，历来存在一个被称为“模态混合”的概念。将各种各样的交通手段的特性激活并有机结合，旨在针对城市地区的运输需求优化运输资源。希望可以通过5G统一推进此技术的高度化和涵盖用户的日常生活场景的无缝联合。

如果这些全部可以在5G环境下联合起来的话，也许就能提高社区整体效率，并对维持生活水平及降低环境负荷等有一定效果。或者说，通过将智慧城市与游戏化、MaaS组合起来，可以提高社会整体的效率。即5G所带动的出行的好处可以回馈给社区。

### · 普及的主要原因

对MaaS的需求已经以城市地区为中心开始显现了。这也是全世界城市所面对的共同问题，所以全世界都在致力于推进MaaS。

期待MaaS的背景，包括了如果驾驶员的能力也有问题的话，就无法与交通手段充分配合导致效率低下，由此也会对劳动环境产生负面影响及增大环境负荷。城市出行在世界上任何一个地方都是一个难题。特别是在日本，考虑到目前人口不断集中到大都市圈，问题将会不断变大。

目前已经处于人口减少的时代，在地方区域该如何维持作为社会基础设施的出行功能呢？如果无法做到代替，最终又要放弃什么呢？这些问题实在难以决策却又不得不推进。说实在一点就是，要被迫做出“这个社区没法出动救护车了，请使用私家车或者出租车吧”“这个区域中只能最低限度的运送物资，所以不再配送报纸了”这样的决定。

但是，如果用以 5G 为核心的新技术可以代替这些功能的话，就能保持迄今为止的生活水平，而且随着与现在不同的附加价值的出现，也许还能享受到新的技术。有些技术已经在开发中了，目前可以在日常空间使用的情况也在一点点地增加。在今后 5G 的普及过程中，有关部门会经常与某些项目升级展开协作。

这样想来，支撑普及的最大原因，也许就是直面现实拥抱新科技的用户的增加，以及从所有社区获得的赞同。相反的，妨碍普及的最大原因是，无法接受科技化替代手段的用户的态度。

### · 适合什么样的企业？

MaaS 的直接参与者，有汽车厂商、公共交通机构、不动产开发商、地方自治体等。另外，因为 MaaS 与智慧城市密切相关，所以项目复杂且周期长。因此，需要具备能够维持、扩大长期项目的专业知识的系统整合商。

原本要普及 MaaS，必须对传统的既得利益与权力进行调整，并提供全新的价值与功能。例如，对传统的提供交通服务的运营商来说，有些状况下可能会失去事业机会。与之有关的是，在现有交通网络下黄金地块的所有者，将有可能遭遇地价下跌的挫折，从而对 MaaS 提出反对意见。

这种权力调整的问题并不是民间能够解决的，必须通过行政力量达成共识。因此，需要领导方式强硬的决策者及企业高层的支持和推动。

### · 准备时机

MaaS 本身只是一种概念，具体服务所需要的条件和要做的准备各不相同。由于很多人都具备关于出行的问题意识，所以实现 MaaS 所需要的其实是阶段性的方法。

以 5G 环境为前提的 MaaS 的发展，最先将从系统独立性较高的无人机等开始启动，然后是对个别交通方式的优化，再到能将这些完美结合的服务，最后是使用了面向 MaaS 的一般车辆的全新交通、出行、运输系统。

这里面，无人机及对个别交通方式的优化已经在 4G/LTE 环境中展开验证了，所以在 NSA 组网环境下也会有一定的普及。有可能在幻灭期后期的 2021 至 2022 年前后，可以通过移动网络线路实现更加稳定的控制无人机，并一点点扩大其用途。

在这种独立系统之间相互协作，并作为实际的移动方式以符合需求的形式提供给用户的情况里，需要单一的技术因素和社区整体双方都能开展高水平的感知。因此，要到进入启蒙活动期的 SA 组网 5G 环境，即 2023 年之后才会真正普及。

另外，要说 5G 与汽车的结合点的话，2020 年代后期也许会出现通过 5G 将 ADAS（高级辅助驾驶系统）的主动安全技术与放置在云端的 AI 紧密协作，并执行比目前更高级的安全对策的互联网汽车。

### · 应该探讨协作的参与者

MaaS 与智慧城市的普及不仅是对通信与软件这些技术条件的进化，还对道路等物理基础设施的改变及伴随这些改变能否达成共识，甚至用户的包容度，都有很大影响。对于那些无法达成共识的地区，进入 6G 时代可能也无法提供 MaaS。

因此，对于能够有助于达成共识并开发出能让用户接受的项目的服务运营商，还是会寄予厚望。具体包括拥有游戏化专业知识的公司，以及能为老龄化社区直接提供支持的医疗、看护企业等。从提出正确问题并帮助做出合理决策的意义上来说，信息媒体及广告代理商的职责也非常重要。

# 全新概念的“5G 专网”到底是什么

## · 与 Wi-Fi 的区别

5G 专网是指，可以引入企业及自治体设施中的“自营 5G 通信”。在以建筑物或土地为单位进行区分的有限区域内，以室内使用作为条件颁发许可证，建成后可将 5G 作为自营无线通信手段使用。

以自营方式构建无线数据通信时，传统上大多数的案例中都是采用了 Wi-Fi。因为对使用者来说不需要许可证，而且达到了一般用户也能使用的程度的商品化，所以费用低廉，设置也比较简单。现在日本全国都在用。

但是，在作业现场存在很多 Wi-Fi 无法满足的用途和需求。首先，Wi-Fi 的通信质量不稳定。特别是在越大、越复杂的大空间中，就越容易出现“应该在哪里为连接互联网的设备群安装哪种性能的 Wi-Fi 基站，该怎么样运用、管理”的问题，而且安全性也得不到保障。当然，在 Wi-Fi 中可以认真整合解决方案，实施万全的安全对策。如果这样的话，就会导致引进及运用的成本上升，设置起来也很麻烦。面对 Wi-Fi 的这些问题，5G 专网被期待能够提供一种“价格差不多但品质更高”的办法。

由于 5G 专网所使用的技术都是规范化的产物，所以基本和移动通信运营商在全国所提供的 5G 服务相同。利用了广泛普及的 5G 技术，构建能够满足地区内及企业内的小规模需求的通信环境。

到时候，用户不仅可以自己获得许可证，而且可以让系统整合商或 CATV 运营商等代为获取许可证，并使用由他们提供的系统。另外，也形成了可以不将许可证颁发给大型移动通信运营商的约束制度。这是总务省的意思，要为 5G 招募与过去不同的全新参与者，为其进一步注入活力。

5G 专网，或者说总务省所设计的 5G 的“使用方法”，可以说是日本原创，不过类似的想法在国外也逐渐出现。比如在美国，就将原本分配给海军雷达使用的 3.5GHz 频段变为军民共用，作为无须许可证即可灵活使用的 CBRS（市民宽带无线服务）进行普及，且已经同意 CBRS 的 5G 可作为商用基站使用。除通信运营商外，谷歌公司及 CATV 龙头企业康卡斯特，也都给予了关注。

在日本，基本完成了用于 5G 专网的频率波段的设计，与分配给移动通信运营商的频率波段相同，预计是分割出 4.5GHz 频段与 28GHz 频段的一部分进行分配。而更便于使用的 4.5GHz 频率波段的详细设计，正在推进当中。

### · 为什么期待 5G 专网？

从 2019 年开始，关于 5G 专网的话题多了起来。总务省对频率波段的分配及许可证交付条件进行了制定，关注度越来越高。也有以致力于地区数字化转型的各界人士为中心的，一部分期待的声音，认为“5G 专网才是首选”。

5G 专网备受期待的一个原因是，只要条件合适，用起来甚至比移动通信运营商所提供的 5G 还要简单。总而言之，总务省的目的就是既简单又稳定地使用，所以才设置了各种各样的使用限制。

5G 专网可以无须等待移动通信运营商所提供的 5G，用户企业可以根据自己的意向直接构建 5G 环境。这对作业现场需求越来越高的用户来说，是十分难得的，用本章中提到的应用案例来说，相当于智能住宅和智能工厂了。

这种需求对整个 5G 来说也是十分宝贵的。另一方面，由于限制了用途与使用场景，没有必要像移动通信运营商所追求的那样，搭建保持全国统一品质的基础设施。反倒是只要能推进当下工厂的数字化转型，用什么方法都可以。如果通过 5G 确实能将需求商业化的话，那应该能加速 5G 整体的普及。

除了这些特定用途，一般用户使用宽带时也希望能用得上 5G 专网。特别是将 5G 专网替代非移动网络的家庭固定宽带的话，可以让一直以来因为性价比而放弃投资光纤设备的乡村地区，也能享受到宽带网络，日本整体对互联网的使用也将更加活跃。

产生这种期待的原因，是宽带的普遍服务化。这是从广泛普遍提供服务的义务所衍生出来的服务，在各种通信服务中能与之相对应的只有固定电话，移动网络或光纤宽带并不是一种普遍服务。

根据通信运营商的设备投资评估，在日本存在一些没有安装基站或不提供光纤的地区。实际上，甚至从新干线车站坐 20 分钟汽车就能到达的周边地区，都没有光纤。在 2019 年，仍然有地区不得不用固定电话线路的 ADSL“低速宽带”。

问题是，ADSL 服务正在逐渐结束，2025 年之后将推行固定电话的 IP 化。虽然很期待光纤的进一步配备，但全部提供光纤的话不论怎么想都不合理。于是期待 5G 专网承担提供最后一公里的职责，就可以不用普及宽带了。

在这样的地区配备 5G 环境的话，单从普及互联网这个侧面来说，就有着无法估量的影响。如果从本章中列举为应用案例的智能互联网汽车及有望于 6G 时代实现的完全自动驾驶等来看的话，有必要从现在就开始做准备了。也许到时候“前方超出智能互联网汽车范围”，就是在说汽车本身的功能不全面了。

### · 5G 专网为了“转变”所要做的事

随着在日本全国普及 5G 并不容易这件事越来越明显，对 5G 专网的期待会越来越高。的确，对 5G 知道得越多，就越清楚这是个规模过于庞大的社会根基和产业设施。当面对 5G

全连接的世界不是那么容易做出来的现实时，就能看出使用更简单的 5G 专网的魅力了。

对 5G 专网的期待，也包括了希望其能成为突破幻灭期的救世主。在第二章中，将 5G 的普及分为了四个时期进行讲解，但这里能将 5G 引向成功的最重要的，就是渡过“幻灭期”的那些办法。可能大部分人还是要依靠 5G 专网，将自己从 5G 幻灭期的商业拓展困境中拯救出来。

5G 专网普及所面临的首个问题是“终端不足”。这不仅是 5G 专网，对于由移动通信运营商所提供的 5G 也一样，在 2019 年时还看不到有适配的终端，有的只是一部分的 5G 智能手机和 CPE。另外，对于前文所提到的智能住宅与智能工厂的解决方案，则更需要推进多种终端对 5G 的适配，然而在需求没有明显表现出来之前，则无法推进适配。也就是说 5G 专网，所面对的是“先有鸡还是先有蛋”的问题，看不出有什么好的解决办法。

第二个问题是“很有可能在室外无法使用”。总务省对于率先展开应用的 28GHz 频率段的方针，是 5G 专网仅限于室内使用，不同意其在室外使用。这样做的主要原因是在室外使用会与移动通信运营商之间产生干扰，而调整干扰所需要的高级搭建运用技术，会极大地提升 5G 专网的门槛，造成无法普及的结果。

这种“不能在室外使用”的条件，会给前文中所提到的，在一般用户宽带中的使用及智能工厂之间的供应链管理中的使用造成麻烦。也就是说，5G 专网的应用案例受到了限制。

2019 年以后，总务省开始推进讨论在更容易使用的 4.5GHz 频率段提供 5G 专网的方针。因此，对 5G 专网寄予厚望的运营商们，早早地呼吁放宽要求，让 4.5GHz 频率段下的 5G 专网可以在室外使用。但稍微想想就知道，越容易使用的频率波段肯定越容易产生干扰，技术调整难度必然升高。所以，单方面放宽条件这件事，说实话很难想象。

还有，“开发者太少”也是 5G 专网的问题之一。这里面有工程师太少这种日本社会整体的问题，也包括成为时代趋势的网络工程师迟迟没有增长的问题。现役的工程师们很多都在通信运营商及通信设备供应商的内部工作，所以很难在单位外部进行开发工作。

这种开发者不足的情况，在期待 5G 专网的地方区域更加明显，也就是出现了供需失衡的情况。有一说一，这样下去也许 5G 专网的呼声将会越来越小。在 5G 专网的普及过程中，有必要配套能够提高地方区域工程开发能力的政策。

5G 专网对激活 5G 整体来说，毫无疑问有着很大的作用。因此，必须对当前已经发现的问题尽早着手解决。也许这是处在“幻灭期”所必须付出的努力。

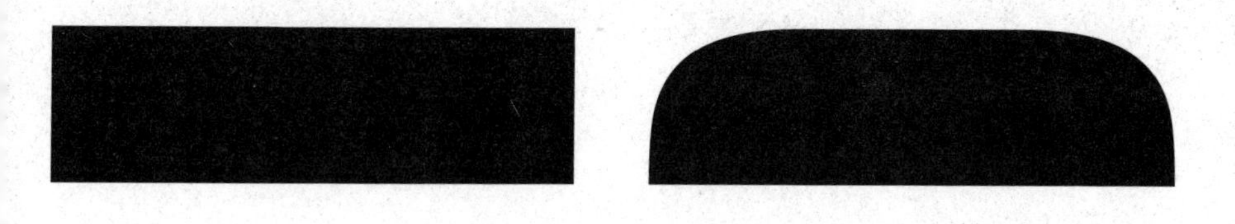

第 四 章

# 能让 5G 事业成功的商业拓展诀窍

# 前期最重要的问题是度过“幻灭期”的办法

在以 5G 为前提的商业拓展中，首先应该知道的就是之前反复强调的“5G 在普及的前期与后期是完全不同的东西”这一事实。在前期起始的 2020 年和后期收尾的 2029 年时，样子变化之大，让人无法想象说的是同一件事情。虽然这在 3G 与 4G 的普及期间也是如此，但是这种变化在 5G 中应该会更为强烈。

理由正如第二章所描述的那样，5G 在普及中期将从 NSA 组网切换到 SA 组网，以及对室外（移动）通信来说 4G 的完成度非常高，而且还希望将 5G 用于室内宽带。因此，核心运营商也会变化，这些就是主要的原因。

除此之外，决定使用 5G 事业的方向性及扩展性的最重要时期是，2020—2022 年的“幻灭期”。怎样度过这个时期，将决定能否自主开发 5G 服务，以及能否引领之后的 5G 时代。

2020 年是日本 5G 商用化的年份，服务之初会有“走到哪都不能用”“无论过多久都不开始”的声音传出。在比日本正好提前一年商用化的美国及韩国，也有类似的评价，等到东京奥运会结束的夏天时，也许正是幻灭期最当间的时候。

可能到 2021 年之后情况才会发生改变，虽然 5G 版 iPhone 在 2020 年下半年发布，但近来智能手机的更新换代周期已经延长到 3 年以上，应该会在 2021 年春季才能听到“试了一下 5G，果然速度很快”的评价。那时，在城市地区的郊外或地方上的普及将逐步开始推进，并最终迎来真正的“5G 元年”。

这就是幻灭期，所以必须着手进行 5G 服务的商业拓展。例如预计在这段时期上线的应用软件，在设计时除了 4G 之外多少要涉及一点 5G 的特点。当 2022 年前后 5G 正式普及后，4G 将会逐渐落伍，到时候变成“只在 4G 中才有意义的应用软件”的话，如果不能改变本质功能，那作为应用软件的魅力可能就会减半。

创造全新服务的运营商与用户一起行动、一起幻灭，是抓住此后的启蒙活动期所需要的用户体验的机会。或者说，幻想破灭本身也是用户体验的一部分。

视频传输和游戏领域已经看出了这种迹象。这两个领域在2020年之后的中心将是，在电视和智能手机上都可以享受高清晰及按需选用的设计方式或重视新兴平台的商业模式等专注5G特点的服务。

## · 启蒙活动期之后重要的是适应社会的变化

到幻灭期结束后的启蒙活动期（2023—2025年）时，5G服务将会在社会上大范围普及。与幻灭期相比，用户的接受度和基础设施等会变得明显更易于提供5G服务。

另一方面，这个时期的日本社会，以社会结构为代表的外部环境将发生巨大变化。原因是老龄化的加剧、需照顾人口的增长、劳动人口的减少、各种差距的拉大等。作为解决方案，紧凑城市、加速共享、接受移民等同时兴起。最终会引发社会整体的结构转变。

发生这样的社会变化与5G无关，由于是预想到的事情了，所以各种各样的准备正在进行当中。但是这些社会问题有点

“问题成团”的感觉，倒是对 5G 的普及产生了很大影响。

例如，很多日本的地方自治体，正在遭受因当下进入老年化阶段所引发的全年支出增长，以及劳动人口减少所引发的全年收入减少的双重打击。因此，对于实现紧凑城市中不可避免的问题，各地都在做具体准备了。但是，目前还没有太多的地方城镇实现紧凑城市化。因为不能强制市民搬迁，而且从设备投资与企业业务需要的角度来说，要让公共交通机构、超市、医院等城市功能集中到中心地区也不容易。

于是，社会各界对能解决社区与生活空间问题的智慧城市的期待越来越高。特别是可以一边在某种程度上维持当前的居住状况与城市构造，一边低成本高效率地支援出行困难的人或物的办法。因老龄化导致活动能力下降的人们，分散居住在各个地方，使得很难搞清楚某人在什么地方做什么、这个人生活是否安全等情况。从前因为上下班、养孩子、购物等行为而每天外出的人们，如果没有了因为工作或养孩子而外出的习惯的话，逐渐会失去购买东西的兴趣；去医院也是从几天一次到几周一次、每月一次，而且周边邻居也无法确认目前是否一切正常，最终导致对紧急情况的应对迟缓，无法发觉家中的状况导致问题扩大，甚至发生老年人孤独死去的情况。这些是目前正在发生的问题，但看不到从根本上解决的办法，问题只能这样持续地扩大。

考虑到可以承认人类有尊严的生活，是社会发展的基础，在解决对其造成阻碍的问题过程中，存在根本性的大需求。包括最初以娱乐为目的而安装的设备在内，5G 服务中支持联网的家电产品及传感器，通过对家中保持监控，可以察觉到突然发生的异常。商家将其与社会系统联合的话，可以引导出一套用出租车代替救护车，或由附近的人去看一看，这种既降低社会成本又解决问题的办法。

## 商业拓展的必要条件是定制指引

将 5G 普及的 10 年分为黎明期 + 巅峰期、幻灭期、启蒙活动期、稳定期 4 个阶段，贯彻始终的是“定制指引”。

这本来就是在当下已经兴起的趋势，并且在今后可能也不会改变。定制指引不是因 5G 而崛起，但 5G 可以强化这种趋势。进一步说，也许 5G 本身处于强化定制指引的趋势中，并作为相应的技术而普及。

那么，5G 时代的定制指引具体指的是什么呢？一个就是附加价值的定制。这部分在视频传输服务与游戏等里已经说明过了，是对应当时的需求灵活利用自己想使用的功能及想享受的内容。

例如周末晚上，做完家务孩子也睡了，有一段可以平静度过的时间。来一点冰箱中冰好的啤酒和小菜，还想再慢慢享受一部电影，可是发现平常的 SVOD 只有 HD 品质……试想一下这个场景。之前氛围越来越好，用户想“这时候如果能看这部电影就好了”，也许就会为了观赏 4K 内容而额外支付几百日元。一切都准备完毕了，服务方却不能满足这样的需求的话，本来业务上能够获得的几百日元的收入就得不到了，也就是损失掉了机会。

5G 时代获取这样的事业机会是很重要的点。一直以来，用户方面都因为服务提供方的逻辑而控制自己的需求。具有代表性的是平台运营商对服务及内容的圈占。但是，用户如今已经逐渐从圈占中脱离，在各种服务之间反复横跳。

这不仅限于视频传输，在游戏中也一样，而且在智能住宅、交易（购物）、出行中也正在显现。用户会根据当时的需求与感觉自由组合各种服务，这种行为模式已经表现出来了。

其实这不是什么复杂的话题。用户的需求本来是非常多样且易变的，但由于运营商方面的问题，无法满足这种不确定的需求。现在这些需求可以通过 5G 进行提供。谷歌与亚马逊的平台运营商非常强大，他们正在按自己的情况定制服务，如果用户能够认可 5G 所实现的定制指向服务，那么平台运营商的圈占战略也许将就此作古。

还有一个是观测定制。以智能工厂及智慧城市为代表，5G 还有作为巨大传感器网络的一面。而且该传感器网络不只是单纯扩大了观测范围，还可以对感应的各种对象（生产设备、物品跟踪管理、人的行为）进行更加独立精确且连续的观测。

相比于人类，AI 更能直接享受其带来的好处。如果传感的精度提高的话，就可以分析出观测对象在正常时的行为。明白了正常情况后，可以检测出其他时候的异常情况；如果能够连续控制，就不再是检测感知，而是有可能做到“预测未来发生的异常”。无论哪种情况，都会对提升生产力有很大贡献。

商家通过提升传感精度，可以理解观测对象的个体差异。虽然是同一个厂家提供的相同生产设备，但由于引进时间与安装场所不同，运转状况会有区别，由此会造成零部件的损坏和消耗的不同。精密设备某种程度上个体差别会更大，除了厂家在出货时设置的标准基本值，还有必要基于运转状况找到“该设备的固定值”。这就和“虽说人类的平均体温是 36 度，但实际上因人而异”是一样的。

5G 可以提升这种基于个体差异，检测出异常值及预测运转状况的 AI 的精度。而且传感器网络的观测范围变大的话，还可以预测更复杂的情况。商家根据这种预测，可以推进提升业务效率及最优化。

## 5G 时代的商业模式与隐私

对于解决社会问题的需求，在通过 5G 解决并与商业相关联的时候，有两个重要的地方。

一个是商业模式。如一般的服务那样，由受益者承担费用的结构，未必能和解决社会问题搭调。因为需要这种服务的人，也有可能会“没有钱为这些付费”。仅限于有能力为优质服务承担相应费用的富裕的人，这种结构所产生的结果就是，5G 也许会被指责助长了贫富差距的拉大。

例如智能住宅那样的服务，不只是让受益者得利。因为如果从“家外面”能够观测家中的人是否健康地生活的话，也许可以减少某个地区应该准备的救护车数量。或者假如能够了解到在交通不便的地区居住的人们的健康状态还不错，就可以用出租车代替增添救护车。这样的替代方案就会逐渐浮现出来，因此既可以减轻社区整体维护公共财产的负担，还可以提升利用率，并提高灵活运用公共财产的运转效率。

这样一来，智能住宅的商业模式就不应该只向直接受益者收取服务费，还应该增加作为间接受益者的社区整体的分摊。虽然这是社会保障的想法，但如果 5G 的智能住宅真的能提升社会福利质量及效率的话，这种想法就会是很自然的事。

像这样，基于正确评估直接或间接享受好处的双方的商业模式是什么，从这个问题展开讨论，可以提升对 5G 服务的认同感。

但难点是，如何与率先启动的商业模式框架展开磨合。例如要引入基于社会保障想法的商业模式，就要强制某区域内的居民分摊费用，从生活者的角度来看，只会看到增加了社会保障负担，可能无法达成共识。如果 5G 服务能对社区整体都有好处的话，怎样中长期地控制整体费用？在该社区中生活的所有人能否维持像样的生活质量？这些是必须要认清的。

不过，5G 并不只是用来解决社会问题的技术，也会用于以娱乐为代表的个人享乐中。如果能利用这个特点，让享乐的部分稍微多负担一点，以支持社会整体所必需的功能，这样的想法也是有必要的。将维持 5G 基础设施自身花费费用的收益拿出来，作为好处，可以让 5G 应用于解决社会问题中。例如，民营电视台平日里通过搞笑艺人出演的综艺节目获取收益，所以也要准备对突然发生的灾害进行播报这样的体系。

另一个是个人隐私。本书列举的多个引用案例都是直接贴近个人行为、让过去一直遮掩的室内生活可视化的案例。当然，如何保护个人隐私也是十分重要的点。

一般来说，都是在以保护个人隐私为前提的基础上，要求由用户自己判断权衡好处。虽然稍微泄露一点私生活会很麻烦，但如果不提供自己的信息就无法得到足够的好处的话，那就要在好处与个人隐私之间做出比较和选择。

处于数字时代的个人隐私，由于能够取得的个人信息太多了，用户自身很难知道个人隐私对相关服务来说是不是必须的。或者说被迫做出自己是否真的需要这个好处的判断，还有的是运营商方面半强制要求的。如果已经开始使用的服务中途更改使用条款和隐私协议的话，也会因为需要使用而无法简单地与之抗衡。这就是数据隐私的问题。

另外，在智能住宅那样的家庭内服务的情况，也不能自己一个人做判断。从程序上来说，即使户主作为服务的签约代表，那也只是一个步骤而已。要正当地收集每个人的数据，户主必须取得家庭成员的总体意愿，并且要求服务运营商也要充分考虑家庭所有成员的隐私权。那么，怎样才能提升社会及用户的接受度呢？本章后半部分会详细介绍我想到的办法。

# 商业拓展的重点

## · 1. 体验设计

在设计使用 5G 的服务并将其作为事业持续、扩展时，我认为最重要的是体验的设计（experience design）。

将本书读到现在的读者也许注意到了，在整本书中，“用户体验”一词的使用频率很高。我认为这是在一开始就需要非常注意的事，怎样实现更好的用户体验，是 5G 时代真谛中的真谛。

用户体验表示的是，用户基于主动体验所产生的认同感，反复利用硬件和软件提供的服务，并融入服务当中的流程。再简单一点说，好的服务不是提供方做得好，而是用户能运用自如并将其变成自己东西的服务。

一直以来这种想法被用于接口的设计。但是由于数字化服务的普及，以及用户在空间与服务中来去自如，这就要求不仅是单独的接口，还必须要设计出含有该服务的周边环境在内的整个服务体系的体验。

4G 为止的用户体验，当然是以智能手机应用为主要切入点。所以，不仅是应用本身的设计，还需要考虑应用的使用场景，可能的话连利用场景的体验也要一并设计出来。例如，在开发某款应用时，最频繁使用这款应用的是在工作场合还是上下班途中的电车上，又或者是在卫生间呢？要基于这种纵览的角度进行设计。

另一方面，5G 的用户体验将会超出智能手机、住宅及办公室、室外等，与 5G 网络连接的输入装置和输出装置将安装在空间各处，通过连接这些达到统一的体验。这种用户体验所带来的技术理念，就是第一章中所提到过的“环境计算”。

我认为目前这个概念最容易理解的实际案例，是 Amazon GO 这种以无现金结算为前提所设计的店铺。虽然也可以现金支付，但只要将 Amazon Go 应用中显示的二维码放到门前，就可以自由地获取商品。支付会在应用内部处理，不会产生其他操作。

Amazon GO 在日本经常被介绍为“无人店铺”。但这是对 Amazon Go 的本质有误读的表现。实际上，在美国的 Amazon Go 店铺里，也有为补充库存或整理货架、在酒类区验证身份证的员工们忙碌的身影。Amazon Go 所实现的功能的本质并非店铺的无人化，而是从购物中消除结算（收银）步骤。其结果是极大地冲淡“买东西带的钱不够”的这种感觉，反之则是这种东西是否真的有必要。

亚马逊厉害的地方是让 Amazon GO 这种未知的店铺和其毫无违和感的体验变为现实。我在初次体验时，试图像小偷那样将点心装进口袋，那个瞬间让我非常惊讶。不过，最多也就是这种程度了，后面我就什么也没想，和往常一样购物了。当然，Amazon GO 中有大量的传感设备可以详细地追踪购物顾客的一举一动并高度分析。不过，在这种摄像头和传感器像怪物一样密布的店铺里，却丝毫没有不自然或违和感。

通过环境计算，在环境中埋藏计算机，通过 5G 将其连接至网络的，除了到处建设的 Amazon Go 之外，尚无他处。如果学习他们的做法，从用户体验的设计角度来说，是有值得留意的地方的。一个是“简单”（simple），无论多么方便，在空间中不自然地安装很多设备的话，会导致用户的错乱和不信任感。人类是多样且复杂的，用户在某个瞬间觉得必要的东西，就只是一个需求，必须集中到某一个功能上，并将其从感觉上展现出来。

接下来是“流畅”（smooth）。依托 5G 的环境计算是刚起步的新事物，但认为它新，也是从提供服务的运营商的角度来看的。用户已经可以在日常空间中纵情生活了，并且与 5G 及环境这些技术或概念无关，对各种服务会根据自己的情况组合使用。

第三个是“设计”（design）的提炼。给用户提出新的方案时，如果拿不出没有违和感、用起来舒服的设计的话，无论多么先进的技术，用户也不会选择。因此，需要的是不会引起“为什么要在这时给我（用户）提出这个服务？能用这个干什么？”这种注意的设计。

另外“相似性”（analogical）也很重要。用户在面对新提出的 5G 服务时，会试着和过去知道的事物置换，以类推、类比（analogical）是否有什么不同。例如 iPhone 在最初问世时，很多人会想到“电脑桌面”，因此会产生“iPhone

是可以拿在手上的电脑”的认知。现在电脑已经不只是单纯的工具了，而是连接到互联网享受工作与娱乐的手段。iPhone的界面设计，就给人一种将那些电脑功能尽可能地全部收入手中的感觉。

实际上这也是一把双刃剑。iPhone问世的2008年，美国已经普及了个人电脑及互联网，可以较为直接地理解这种相似性。另一方面，在日本，个人电脑并没有像美国那样普及。那时在日本普及的反倒是所谓的卡拉OK，和卡拉OK之间可是有着巨大的距离感的iPhone，当初在日本几乎卖不出去，智能手机的普及在世界范围内也出现了延迟的情况。

用户在接触到新鲜服务的瞬间，多少都会抱有一丝戒备。有创新精神的人会根据情况，逐渐转变为好奇心，然后积极尝试。根据斯坦福大学教授埃弗雷斯特·罗杰斯所提出的创新者理论，这个比例约占2.5%。如果和包括对新事物反应较好的早期用户在内剩下的97.5%进行对比的话，那就必须采用以“用户是慎重的”为前提的方法。

这时候，如果能够激发“虽然第一次见，但感觉好像知道是什么”的意识的话，用户能够凭直觉判断新型服务能带来什么样的好处，与过去的服务有何区别，新提出了哪些调整需求等问题。反之，如果明着提出这些的话，一旦受挫就会对人造成“怎么这么难搞”“不喜欢”“可怕”等负面心理。

目前，通过智能手机所形成的 4G 范例比较稳定，而 5G 普及过程中 4G 的服务将会有所留存，在环境这个全新的 5G 范例中，用户体验的差距会很明显。正因为如此，5G 服务必须比 4G 服务更加重视用户体验。

### · 2. 行为科学

体验设计的核心是行为科学。行为科学是指，对人类的各种行为进行科学的分析，从中找到可以再现的模板和规则的学术范围。以心理学为出发点，现在正逐渐在经济学、医学、社会学等各种领域中传播开来。

比如便利的店铺布局，面向窗户的地方是杂志角，店铺最里面是饮用水，途中的货架上是零食点心类，微波炉附近有副食品和咖啡等这类固定设计，东西和位置可能略有不同，但大致相似。这是根据对便利店内来回穿梭的顾客的行为进行分析，并考虑了提高满意度与增加购物数量的平衡所得出的结果。

只要我们自己没有亲自指导分析结果的话，就察觉不出这种事。这是因为已经完全自然地接受了便利店的店铺布局，察觉不到违和感。可以说，这就是能让我们接受现状并对现状感到亲切的基于行为科学的良好设计。

像一直以来稳定的便利店店铺布局这样，行为科学的知识广泛普及于各种各样的服务现场。现在比较关注的除了店铺这种硬件设施外，还有设计在其内部开展服务时对行为科学的应用。其中一个就是游戏化。在竞争较多的成熟市场中，仅凭亲切感无法影响连续消费行为。如购物时不只是简单的日常购买行为，还必须引进能给消费者带去“开心”“还想再来”等感受的机制，获得对方的好感。

推动让购物体验宛若游戏的一部分，自己作为身处其中的玩家，正在冒险和探索的店铺设计与服务、以及附加功能整合的方案，这就是购物中的游戏化。如第三章中所介绍的，“虽然稍微远一点贵一点，但是去库存较多的店买牛奶的话，可以得到 3 倍积分”也是其中一种方式。用户通过获得积分和多走两步，收获发现新事物的乐趣；商家则通过调平库存和供应链，扩大事业机会。

另外，近年来备受瞩目的是“助推”，助推的英文是 nudge，意思是“轻轻往前推”，指的是给用户些微刺激让用户注意到什么。

我想在很多地方都有这样的经验，就是只要稍微改变一下告示板的内容及位置，就能促进垃圾分类，或是让车站及公交站上的人们排好队等。这很容易被认为是简单的信息整理，但是，信息整理是有目的的，而这个是对涵盖了实现目的的外部环境进行的重新设计。

无论是去好不容易找到的店还是无意中被推荐的店，结果很容易被认为只是刚好去了而已。但如果通过分析了解了“费心找店的人会常去的场所和时间段”，就可以提升在那里分发传单的概率，那附近成立的餐饮店生意也会很好。

为了促进这种行为转变与行为决定，传统上一直是用大量的广告，但随着数字技术的发达，已经可以实现“比骚扰广告更合适的时间的简单消息”及“用户了解的接受度高的方法”。对于助推所具备的这种潜力，比起市场营销，现在更多地被用在推进解决环境问题及社会保障等社会问题的对策上。

作为实现游戏化及助推的技术方法，最重要的是“预提取”。原本是一种开发 Web 服务的技术，可以先于用户行为对系统做出优化。例如在智能手机上搜索“餐馆”时，虽然用户在搜索引擎中只输入了“餐馆”这个词（查询），出现的都是自己所在地附近的餐馆。还有，如果是傍晚的话会显示适合晚餐的店、中午的话会显示适合午餐的店。像这样，智能手机时代的搜索引擎不仅会参考输入词，还会参考位置信息和时间信息、甚至同一个账号及相似类型的人最近的搜索历史等。即预提取已经实装了助推，而我们正在使用的就是助推技术。

当然，现在的预提取已经更加高度化。前面提到过“通过分析可以知道专门探店的人容易去的地方和时间段”，而这种监测和分析正是通过智能手机实现的目标之一。实际上，用谷歌地图搜索餐馆的话，还可以预测显示当时的交通拥堵情况。这并不是接受了店铺所提供的信息（虽然也许也有这种情况），而是谷歌公司自身通过对持续获取的位置、时间、用户嗜好等分析所得出的结果。

5G 能让这种技术的精度更上一层楼。反过来说，5G 服务通过吸纳行为科学的想法，明确与 4G 服务的区别，同时可以用自然的形式提供新的体验和事业机会。

### · 3. 构建信任

5G 服务聚焦于用户个人，旨在协调每个人与社会的关系。4G 服务中作为连接点的智能手机，在 5G 中将会通过环境计算融入空间当中。然后通过体验设计与行为科学，对这些进行优化。

当这些更高级的服务实现并具体发挥作用时，用户可能已经察觉不到 5G 的存在（甚至是服务的存在）。就像我们无法准确回忆起上次顺路去便利店买的东西是什么一样，对用户来说几乎感觉不到违和感的话，也就很难察觉到这种行为，哪怕是购物。

另一方面，空间中的用户行为被大量且细致地数据化。获取该数据的是暂时提供服务的运营商，由于 5G 是连通店与店、城市与城市的技术，所以与用户相关的数据将可以流通。

目前，全世界范围内都在提高对数据隐私的关注。起源是欧洲制定了一般数据保护规则（下称 GDPR），其影响不只在欧洲，也涉及了以 GAFA 为首的美国平台运营商。日本的个人信息保护法也参考了欧洲的数据保护政策，并且为了实现日欧之间的数据跨境，双方政府之间就提高 GDPR 标准（充分性确认）已经达成共识。

基于对 GDPR 精神的学习，应该限制获取用户敏感信息及个人数据流通。尤其是流通方面，必须对个人数据进行严格管理，并以取得用户明确同意为前提条件。这样一来，GDPR 与 5G 的数据流通有时会是相互对立的。为了避免这种对立，并健全地发展 5G 服务，必须从实业开发阶段开始就注意安全与隐私。

安全方面特别需要注意的是，本人认证以及通过彻底的认证“建立信任”。5G 是网络（互联网）与物理（身体及空间）直接连接的连接点。而如果这个连接点都不可信的话，就会出现通过网络空间随意对他人造成伤害并产生负面影响反噬物理存在（身体）的问题。当网络与物理二者之间丧失信任感的时候，网络不仅会被当作“不能用的东西”排除，实际上也许还会造成“持续欺骗用户和运营商的重大错误”。这已经以虚假新闻造成恶劣政治影响的形式，在国外成为非常严重的问题。

正因如此，为了避免这种情况，对确保人和物或者是包括这些空间的情况数据的正确性的关心越来越高。那么问题来了，在全世界开始推进 5G 服务构想的今天，该由谁以何种方式另行构建并运用可信赖性呢？

在安全世界中，一直以来重要的是保密性（Confidentiality）诚实性（Integrity）可用性（Availability），简称 CIA。保密性是指面对无许可的访问坚定地保护数据，诚实性是指保护数据的正确性及完整性，可用性是指让授权用户可以正常访问数据。实现这套 CIA 的，是网络与物理相连接时的“准确度”。5G 将更加贴近我们的生活，因此使用了 5G 的服务必须以比从前更高的级别强化 CIA 意识，推进可信赖的构建。

另一方面，对隐私来说，重要的是“用户的认同感”。具体有该怎样通知及取得同意，还有用户感觉不喜欢的时候，该如何真诚应对等问题。

如 2019 年夏季，面向应届毕业生的招聘网站“Rikunavi”就出现了问题。在未取得学生用户实际同意的情况下，就将该学生的录用反悔率预测透露给了另一方的企业用户。“Rikunavi”的问题涉及没有将学生用户和企业的数据明确区分开来，在这种情况下将分析结果交给了企业，按照职业稳定法所规定的本人参与不足，会对将学生过去行为做成学习数据的行为分析造成影响等很多部分，个人信息保护委员会、公平交易委员会及厚生劳动省对其进行了行政督察。

将他们作为反面教材，其实还是希望在 5G 服务的商业拓展中，能够注意“用户是否理解、接纳、同意”正如在上述“体验设计”中提到的，5G 服务使用了各种各样的传感设备，基本构造是从用户本身及周围搜集大量相关数据，并基于此对服务进行优化。不过用户会对这些目的不明的大量获取与自己相关的数据的行为产生警惕。

这样的话，为了获得用户理解，就必须尽可能详细地对目的进行定义，从服务的设计阶段开始，就明确达成目标所必需的系统结构与数据分析方法（实践以设计保护隐私），说明与数据有关的管理思路以及无用数据的废弃方法等。当然，制定方针应该描述得尽可能清楚，做成用户容易理解的形式也很重要。在这种说明与评估的叠加中，说不定可以用识别特定个人之外的方法，就能找到提供服务的方法。

另外，5G 服务还有一大特点，就是超出智能手机及个人电脑的“画面之外”。从用户角度来说，对服务内容及运营商动态的预想会变得很难。因为会融合进现实空间中，因此像智能手机应用那样“最终不使用的话也可以”的选择将会消失，出现用户无法从 5G 服务脱离的局面。

这时候重要的是，当用户在事实上无法拒绝时，不会被蛮横的要求所裹挟。对用户来说，服务提供者一方处于优势时，恶意利用用户无法拒绝的错误地位（滥用优势地位）是绝对禁止的。强行要求用户同意平时不会轻易同意的不讲理的服务，从契约行为上来说是不正当的，有可能触犯独占禁止法。无论怎样，都可能失掉用户的信任。

5G 时代所能获得的多种多样的大量数据，是到 4G 为止的服务无法相提并论的。而且由于计算遍布于空间中，可以想到肯定会出现不顾及用户感受的瞬间。所以服务提供方必须要经常思考，什么才是从用户处获得认同感的必要条件。

## 与客户交往方式的改变

5G 的根本是开发新的用户体验，本书整体对此进行了说明。不过，新的用户体验必须要能带来新的价值。

5G 使得至今为止由运营商决定的提供服务的方法变得更加自由。想看的电影只有几部，但为什么要按月缴费？只是偶尔想用一下高品质的互联网连接，为什么必须继续加入高级套餐？迄今为止一直都是优先考虑供给方的情况，无论如何出现这样的声音，都是因为作为“消费者”的我们觉得解决得不够好。

在这种背景中，通信服务是建立在多处共用一个基础设备的基础上。因为是大家一起使用基础设施，所以各个用户也必须为集体的基础设施考虑。基于这种想法，就不得不在某些方面保持克制。

5G 可以稍稍缓和这种情况，将用户解放出来。原本就是除了通信性能的提高外，通过多点同时连接及网络切片功能，可以接纳多样的用户需求。最终让曾经被认为是可以任性的事不再任性，这便是 5G 所提供的根本性的价值。

想用就可以用。非常细腻地对应。这种 5G 的价值恐怕会让各种商业模式发生转变。

# “收益还原法”会成为主流收费模式吗？

如今，席卷大街小巷的平台运营商的基本战略是“圈占用户与内容”。但是在提高应对非常细致的需求时，对于用户来说，圈占只会变成一种麻烦。用户在今后将频繁地随意切换服务，因此成为那个时常被选择的必需品吧。

试着将这些置换到商业模式中的话，例如通过订阅提供的服务，大概是在 4G 服务成熟后的 1~2 年达到顶峰的，而在这之前，这种服务是不会被选择的。虽然在当下已经是司空见惯的付费方式了，但用户已经产生了“束缚感”，所以一旦反对的话，用户也许会很快离开。

相反的，通过按次付费提供的服务是5G的基本服务之一。对应极其细致的需求当然也必须有相应的对价，认可其真正价值的用户，会选择服务，而不是单纯看起来划算。

这种想法叫作“收益还原法”，经常被用于地产界。在买卖不动产时，会预想该土地产生的收益，然后依此算出土地的价格。例如，GINZA SIX 高级百货商场中有咖啡店出售1万日元1杯的咖啡，而那附近也有300日元就能喝一杯的星巴克，甚至多走两步的话还有100日元1杯的便利店。不过这并不属于竞争，而是由认可各种价值的消费者所支持的各自成立的服务。各自的收益决定了各自物品的价格。

收益还原法的思考方式，在5G的服务中越来越重要。反过来说，在5G中提供附加价值更高的服务时，必须要从用户那里获得对价值与价格平衡的认同。

## B2B2X 的关联性

通信运营商看到了这种趋势，早就提出了“B2B2 X”这种说法。指的是制造出支持 B2 X（代表性的是 B2C 服务）企业的基础设施，换种写法就变成了 B2（B2 X）的构造。

正如这样加上括号后所理解到的那样，这是有一点从通信运营商视角来看的话题。重点是 B2 X企业在 5G 中会对X提供什么样的价值，包括价格在内，能够获得认同吗?

至此终于说到本书中一直使用“用户”这个词的理由了。一般情况下采用的都是“使用者、签约者、消费者”的叫法。但是在本书中叫作“用户”，是因为服务的使用主体在 5G 时代里会有很多的变化。有时候是使用者，有时候是签约者，还有消费者、顾客、常客、新顾客、评论者、被评论者、市民、社区成员、父母、劳动者等等。

我们在日常生活中会分别使用这么多的人格面具。这就是在社会中生存，无法避免的事。

另一方面，5G 服务与 4G 不同，会融入日常生活之中。就是说，在我们分别使用不同的人格面具时，5G 服务也必须能够贴近。被禁锢在智能手机屏幕这扇窗户里的 4G 服务，从某种意义上来说是强加给了用户一副统一的面具。与之相比的话，5G 服务中的使用主体明显更加多样。

话虽如此，现实中很难让服务提供方去识别面具，并让服务贴合面具的变化。不管怎样，我们未必一定要自己分开使用，也未必使用不同的人格面具。譬如说，年轻的上司和年长的下属的关系。平日里可以作为前辈报以敬意，同时也要有应对必需情况时，作为责任者的态度及鼓励。

所以，使用这些服务的人、因服务而受益的人，他们是如何使用这项服务的？必须设计到这种程度才行，这便是基于行为科学的用户体验。

在实现这些时，必须在提供服务的过程中反复试错。因此在 5G 服务中，现在作为软件开发、运用方法开始扎根的 DevOps，即“边开发边运营、以运营反哺开发”的办法，会变得比现在更加重要。

## 最大的价值是跨越阻碍

至今为止，在我们周围存在着各种各样的阻碍。例如互联网和电视。随着视频传输服务的普及，二者的差距逐渐缩小。但是二者的内容却并不相同，明明是同样的内容，视听条件却不同，二者各有各的乐趣，感觉有种虽然很小但永远填不满的沟壑那样的违和感。

虽然明白各有各的运营商，特别是我也曾是给这些产业帮忙的顾问，非常理解这种情况。但是，这种情况从今往后还能被社会所接受吗？到了 5G 时代，真的有必要认真地好好考虑一下了。

拥有和利用也是，想想对它们进行区分其实是有一点奇怪的。最近，经常有人将二者进行对比，还听到一句口号是“从拥有到利用”。但是真正需要的，应该不是区分二者的不同或提高某一个的比重。而是应该熟练运用二者，以度过更好的生活。

对拥有私家车的人来说，如果是很多人一起去滑雪的话，还是租一台有雪胎的小客车比较合理。经常在图书馆借书的人，也会把自己心仪的书买下来放在手边。而且我们每天都在实践着这些被我们当成理所当然的事。

前文所述的按月付费和按次付费也一样，“只能有一个”才是违和感的来源。当然大多数消费者想的是“便宜的更好”，但另一方面，消费者会为能够接受的东西、不知不觉间已经习惯的东西付费，因此不能只根据商业模式来选择服务。

付费换取好处，本来应该是开展更加科学的办法的领域。实际上，市场营销发达的美国开发出了各种各样的商业模式，成为发展的引擎。遗憾的是，日本的企业社会中缺少对“市场营销＝广告”这种的结构错误、产品的价值、对社会的意义、消费者的认同感这些服务本质的考虑的商业拓展。在5G时代，这样的模式将会变得愈发陈旧。

虽然作为对立结构思索考虑会很奇怪，但至今还是有很多无法顺利融合的事情。随着数字化转型的推进，这些沟壑与阻隔将会更加清楚地显现出来，对用户不友好的服务最终将会退场。

5G 对填平沟壑越过阻碍会有很大帮助。这是因为 5G 蕴含着让目前的 4G 环境，即让被封闭在智能手机中的互联网，扩散到更广阔的生活空间的技术可能性。

5G 也许包含了所有科技。吸纳了 Wi-Fi 与固定宽带，促进模拟信号的数字化，加速服务的数字化。这些功能备受期待。当然这可能意味着，移动通信产业将会吞并其他产业。正如本书所表明的，5G 不仅是个人用户利用的移动网络，还将扩展到家庭或办公室这种室内场景，还有整个城市。仅凭目前的移动产业构造，有可能已经无法撑得住了。

反倒是在这样一个时代，移动通信和其他的或者是通信和其他的纵向分配产业分类，将在社会期待进化的压力面前崩塌。因为这种分类也是无法给用户带来好处的“沟壑与阻隔”。而且，正是因为在这样一个时代，在前面所提到的Ｂ２Ｂ２Ｘ中，与 X 有交互的 B2X 将会越来越重要。

# 5G 不是等来的

到此，我已经写了对于 5G 商业拓展应该考虑的诸多问题。不过还有最重要的一项，那就是 5G 不是等来的。

正如我们现在了解的，建立 5G 服务的，可以是包括目前与数字化及互联网无关的企业在内的所有服务提供者，还有不像运营商那样提供某些平缓价值的参与者。如果这些人不通过正确的方法创造服务的话，5G 就不会得到全社会的接受。

现在不是驻足的时候，5G 时代的商业拓展的竞争大幕已经拉开，除了涉及社会与社区的国内竞争，还有为人类开发服务的国际竞争。5G 不过是从现在开始的数字化转型的巨大社会变革的第一步，真正的好戏在 5G 之后。因此，如果不从现在开始的话，不论过多久，属于你的未来都不会到来。

这样，就期待那些能够给未来赋予价值的领导者，除了建立 5G 服务之外，还能通过 5G 服务的开发为未来的人们，尤其是为下一代建设一个更好的社会。虽然为此要做的努力有很多，但如果只局限于技术特点的话，5G 只要经历一次“大考”就会终结。那时，借助 5G 开展社会变革的机会就会损失，之后将不得不停滞，并丧失国际竞争力。

通过对 5G 技术条件的组合，看清可以提供给社会的价值本质，然后必须考虑清楚，为建立更好的社会，我们最需要的是什么。

这便是 5G 时代商业拓展的真谛，也是致力于 5G 商业开发的意义所在。

# 后记

我心中惦记着想在 5G 中尝试商业拓展的人们的同时，又基于 5G 服务为人类社会生活带来的特征及影响，对商业该如何迎接 5G 时代进行了讲解。

也许有些读者在读后感觉和想象中的有些不同，特别是书中用到了“幻灭期”等稍微激烈的词语，以及有一些与其他讲解 5G 的书籍的宗旨不同的部分。

当然，我不会说“这就是 5G 商业的全部”这样的豪言壮语。因为作为笔者，是基于一直以来身为顾问面向通信产业与数据商业的经验，写一点在当前时间点的预测。对那些乐观预测，我希望能有超过预期的事业机遇；对那些悲观预测，则希望它们尽量不要发生。

将 5G 商业引向成功的基础，是重新且充分地认识 5G 是什么，5G 能干什么不能干什么，在认清 5G 的理想与现实的同时，恰当地使用或舍弃 5G 的一些功能是非常重要的。如果能有幸成为大家讨论扩大 5G 商业可能性的线索的话，那就太好了。

我在考虑 5G 能创造出的全新服务时，也感觉到这未必仅限于 5G。但在 2020 年以后，不仅是日本社会，甚至在整个世界范围内，用户的生活方式及随之而来的需求，以及社会性的问题，都会发生巨大的变化。特别是从商业角度来说，相比于供应商，这些问题对用户需求造成的影响更大。

用户在变，因此 5G 本身也在变。即使伴随着这种复杂的变化，也必须要推进商业拓展。正因如此，必须一边仔细、持续地观察用户如何使用 5G，一边努力地开发事业，可能这就是数字化转型这种行为的本身吧。

所以，本书在汇总问题方面下了很大功夫。包括 GAFA 将如何对待 5G？通信运营商在 5G 时代还能守住自己存在的理由吗？人们真的能接受以智慧城市为代表的一揽式解决方案吗？……我要考虑的问题非常多，而且在某个时刻，也许还需要重新评估那时的状况。

在本书结尾，我想对协助撰写本书的每一个人表示诚挚的感谢。

首先，日经 BP 的中川 hiromi 和伊藤健吾，一直坚持鼓励容易跑题且因业务四处出差导致经常下落不明的我，感谢他们为撰写本书提供支持。最先给予我这次执笔机会的是日本经济新闻社的堀越功，他也是同时负责我在日本经济时代连载的记者。一直陪我讨论的，是信息通信综合研究所的岸田重行。然后是在我缺乏灵感时，愿意抽出业务间隙的时间陪我讨论、并给我创造撰写时间的企业股份公司的伙伴们。还有愿意在暑假期间支持我并给予我撰写时间的家人们，以及这里没有列举的每一位。感谢大家对我的支持。